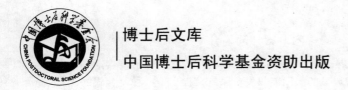

博士后文库

中国博士后科学基金资助出版

太阳能光热光电的高效吸收与传递

董双岭 著

科学出版社

北 京

内 容 简 介

　　本书对太阳能光热光电利用中的高效吸收与传递进行了重点论述，内容包括：对比了四种典型的太阳能热发电系统，提出了一种复合式的光路系统；太阳能复合相变储热介质的性能优化；光谱选择性柔性涂层的提出和制备；多孔介质太阳能集热器的传热特性分析；空实混合纳米颗粒流体的吸放热实验研究；基于纳米流体吸收部分光谱与光伏余热的综合性能的对比优化实验；光伏-热电耦合的分光利用与光伏-光谱转换的优化方案；光伏表面的微结构的吸光性模拟。

　　本书适用于工程热物理和热能工程等相关专业研究生和高年级本科生阅读，也可供从事太阳能发电研究的科技人员与工程技术人员参考。

图书在版编目(CIP)数据

太阳能光热光电的高效吸收与传递/董双岭著. —北京：科学出版社，2019.3
(博士后文库)
ISBN 978-7-03-059911-7

Ⅰ.①太⋯ Ⅱ.①董⋯ Ⅲ.①太阳能热发电-研究 Ⅳ.①TM615

中国版本图书馆 CIP 数据核字(2018) 第 271489 号

责任编辑：赵敬伟　郭学雯 / 责任校对：彭珍珍
责任印制：肖　兴 / 封面设计：陈　敬

科学出版社 出版
北京东黄城根北街 16 号
邮政编码：100717
http://www.sciencep.com

中国科学院印刷厂 印刷
科学出版社发行　各地新华书店经销
*
2019 年 3 月第　一　版　开本：720×1000　1/16
2019 年 3 月第一次印刷　印张：11　1/2
字数：213 000
定价：**78.00** 元
(如有印装质量问题，我社负责调换)

《博士后文库》编委会名单

主　任　陈宜瑜

副主任　詹文龙　李　扬

秘书长　邱春雷

编　委（按姓氏汉语拼音排序）

《博士后文库》序言

1985 年，在李政道先生的倡议和邓小平同志的亲自关怀下，我国建立了博士后制度，同时设立了博士后科学基金。30 多年来，在党和国家的高度重视下，在社会各方面的关心和支持下，博士后制度为我国培养了一大批青年高层次创新人才。在这一过程中，博士后科学基金发挥了不可替代的独特作用。

博士后科学基金是中国特色博士后制度的重要组成部分，专门用于资助博士后研究人员开展创新探索。博士后科学基金的资助，对正处于独立科研生涯起步阶段的博士后研究人员来说，适逢其时，有利于培养他们独立的科研人格、在选题方面的竞争意识以及负责的精神，是他们独立从事科研工作的"第一桶金"。尽管博士后科学基金资助金额不大，但对博士后青年创新人才的培养和激励作用不可估量。四两拨千斤，博士后科学基金有效地推动了博士后研究人员迅速成长为高水平的研究人才，"小基金发挥了大作用"。

在博士后科学基金的资助下，博士后研究人员的优秀学术成果不断涌现。2013年，为提高博士后科学基金的资助效益，中国博士后科学基金会联合科学出版社开展了博士后优秀学术专著出版资助工作，通过专家评审遴选出优秀的博士后学术著作，收入《博士后文库》，由博士后科学基金资助、科学出版社出版。我们希望，借此打造专属于博士后学术创新的旗舰图书品牌，激励博士后研究人员潜心科研，扎实治学，提升博士后优秀学术成果的社会影响力。

2015 年，国务院办公厅印发了《关于改革完善博士后制度的意见》（国办发〔2015〕87 号），将"实施自然科学、人文社会科学优秀博士后论著出版支持计划"作为"十三五"期间博士后工作的重要内容和提升博士后研究人员培养质量的重要手段，这更加凸显了出版资助工作的意义。我相信，我们提供的这个出版资助平台将对博士后研究人员激发创新智慧、凝聚创新力量发挥独特的作用，促使博士后研究人员的创新成果更好地服务于创新驱动发展战略和创新型国家的建设。

祝愿广大博士后研究人员在博士后科学基金的资助下早日成长为栋梁之才，为实现中华民族伟大复兴的中国梦做出更大的贡献。

中国博士后科学基金会理事长

序

    太阳能分布广泛、储量丰富、清洁无污染，其开发和应用对于缓解能源危机和环境污染有重要作用。太阳能光伏和光热，可用于大规模发电。近四十年来，国内外建立了许多光伏和光热示范电站，我国也于 2016 年发布了首批 20 个光热发电示范项目。我国的光热发电产业，建设和规划的装机容量居于世界前列，技术需要突破性的升级，大规模设计操作的经验也需要去累积。为了更好地发挥太阳能电站的作用，非常需要对光热与光伏系统的吸光以及传热过程有深入的理解和认识，以提高它们的发电效率。

    该书从太阳能的应用背景和研究成果出发，对比分析了典型的太阳能热发电系统，并介绍了作者对光伏光热系统效率提高的改进实验、理论设计和部分模拟工作。主要内容包括提出了一种复合式的光路系统，分析了新的陶瓷熔盐复合储能材料，制作了太阳能吸收柔性涂层。对于多孔介质和纳米流体两种体吸收的性能进行了分析，对比了多种纳米流体基光伏光热耦合系统，研究了光伏–热电的分光利用过程，给出了分光与光谱转换结合的优化结构，改进了光伏吸收表面的微结构。该书对于推动太阳能光热光伏技术的发展，以及太阳能电站的开发利用，具有一定的启发和指导意义。

    该书作者本科就读于天津大学工程力学系，本科毕业后保送到北京航空航天大学流体力学研究所国家计算流体力学实验室 (直博) 攻读博士学位，博士毕业后在北京科技大学和清华大学做了两站博士后，对科学研究有着浓厚的兴趣和执着的追求。作者第一站博士后期间，在我的课题组工作非常勤奋、努力，在纳米流体复杂流动与传热的研究方面做出了很多有意义的研究工作。该书整理并归纳了作者近些年的相关研究成果。相信该书的出版将有助于推进太阳能光伏光热的技术进步和工程应用。

郑毅群

2018 年 7 月于北京

前　言

　　太阳能的利用从古至今、方式多样，如取暖、取火、晒盐、验伤等。随着化石能源的短缺和环境污染的加剧，新型能源的开发和应用日益重要。太阳能作为一种分布广泛、储量丰富、无污染的清洁能源，成为人类解决能源问题的主要途径之一。太阳能转换主要有生物、物理和化学方法，太阳能大规模应用的主要方式是光伏和光热发电。其中，太阳能光热利用可以吸收绝大部分光谱的太阳能，可以和传统火电的发电部分对接；太阳能光伏利用则更方便就近供电、运行稳定。

　　实际上，根据太阳光的聚焦特点不同，太阳能光热发电主要分为点聚焦方式的塔式、碟式系统，线聚焦方式的槽式、线性菲涅耳式发电系统。四类发电系统都有各自的技术性能及优缺点，有待综合利用加以改进。事实上，无论哪种发电方式，都需要相应的储能系统，以克服太阳辐射的间歇性问题。昼夜的变化也导致集热管长期交替经受几百摄氏度的温差，容易产生较大的热应力，引起膜层脱落，从而对表面涂层提出了较高的要求。表面吸收热损失较多，体吸收则可在一定程度上解决这个问题，比如采用多孔介质和纳米颗粒流体。纳米流体由于具有优异的光谱吸收和热输运性能，也可用于与光伏的耦合。另一种光伏光热耦合的典型方式就是光伏组件与热电材料的结合。另外，光伏板表面的微纳米复合结构的优化有助于光吸收效率的提高。

　　针对上述太阳能利用研究中的有关问题，作者近几年逐步开展了相应的理论模拟和实验工作，取得了部分富有特色的研究成果。本书归纳整理了作者近些年的研究内容，当然，书中同时简要介绍了其他研究者的相关学术成果。希望本书能推动太阳能光热光伏技术的理论和应用研究的进一步发展，对同领域的研究者有启发和开拓思路的意义。

　　本书有 9 章内容。第 1 章介绍了太阳能的应用背景和前人的研究成果，并对相关的太阳能热利用和光伏光热耦合进行了概述。第 2 章首先阐述了四种典型的太阳能热发电系统，然后对其优缺点进行了对比，提出了一种复合式的光路系统。第 3 章对新的 (陶瓷熔盐复合) 储能材料进行了介绍，它结合了固体显热和相变潜热材料的优点，分析了放热性能。第 4 章针对吸热管涂层的热应力问题，提出了新的柔性涂层，并对比分析了吸热性能的研究。第 5 章对几种典型的多孔结构进行了吸热实验研究，包括有无炭黑涂层的对比和分析。第 6 章给出了优化的纳米颗粒结构，制作了混合的纳米颗粒流体，并进行了吸放热研究。第 7 章结合了纳米流体和光伏组件的各自优势，对光伏发电和纳米流体吸收部分光谱与光伏的余热的综合性能进行了对比实验, 给出了优化方案。第 8 章首先对光伏–热电的分光利用进行了研究, 然后提出了分光与光谱转换的方式, 并进行了实验分析。第 9 章介绍了光伏表面的微纳米复合结构的吸光性模拟。

作者衷心感谢中国博士后科学基金特别资助和面上资助以及国家自然科学基金青年基金项目 (编号为 51406098) 的资助。作者在太阳能相关领域的研究工作得到课题组的大力支持, 还有整个研究团队里优秀的老师和学生们的帮助, 在此一并致谢。

由于时间和水平有限, 书中难免有不足之处, 欢迎读者批评指正。

董双岭

2018 年 5 月

目　　录

第1章　绪　　论

1.1　研究概述

由于化石和其他不可再生能源日益稀缺，世界能源结构发生了重大变化。太阳能作为一种可再生且清洁无污染的绿色能源，将成为代替常规化石能源的有力竞争者。太阳能之所以可以取代常规化石能源，成为不可或缺的重要能源之一，是因其具有以下众多优势：①绿色清洁无污染；②储量极其丰富；③普遍性，可就地利用；④经济性，利用成本较低。

太阳能发电主要包括光伏和光热两种方式，目前世界常用的太阳能热发电技术有槽式、塔式、碟式、线性菲涅耳式四种。槽式太阳能热发电技术发展最为成熟，其结构简单，已经实现大规模商业化运作，但它的发电效率相对较低；塔式太阳能热发电技术具有较高聚光比，发展潜力极大，但其对太阳追踪要求较高，成本较高，其商业化运作目前仅在试验阶段，降低其成本和更进一步提高效率是它要克服的难关；碟式太阳能热发电技术虽然聚光比和发电效率高，但其核心设备斯特林机制造技术难度高，且投资成本相比塔式更高，不适合大规模商业化运作；线性菲涅耳式太阳能热发电是基于槽式太阳能热发电进行的衍变，仍然没有克服槽式的局限。四种太阳能热发电方式有其各自的优缺点，但由于太阳能的来源具有间歇性，所以它们都离不开储热系统。储热材料的性能会直接影响储热系统的效率。对绝大多数太阳能热利用系统而言，其核心部件之一是太阳能集热器。太阳能集热器吸热效率的高低直接决定着整个热利用系统的效率。因此，对太阳能热利用效率的研究，可以集中在设法提高太阳能集热器的效率上。太阳能集热器作为一种可以实现将太阳能转化为热能的装置，可以接收来自太阳的辐射，转化产生热能，并将热能传递到传热介质。集热器一般由吸热体和透明盖板两个主要部分组成，而光谱选择性吸收涂层就应用在吸热体上，使其吸收表面不仅能最大限度地吸收太阳的辐射，还尽可能地减小其发射率，也就是降低其辐射热损。因此，对光谱选择性吸收涂层的研究有重要意义，是当前太阳能材料研究领域的又一研究热点。

另外，不同于表面吸热的内部多孔材料已被认作是用来提高太阳能系统中热传递和能量传递效率的最有效和最经济的技术之一。这些材料由具有相互连接的空隙的固体基质组成。过去的研究表明，与基材相比，多孔材料表现出更强的热性能，例如更高的对流传热系数或导热性。一般而言，多孔材料可用于包含吸附材料、热能储存材料、绝缘材料、蒸发材料和传热增强材料的太阳能系统中的不同目标。

在太阳能系统中，所有具有高导热率的多孔材料 (如金属泡沫) 都被认为是传热增强材料。多孔材料也开拓了一个帮助改善太阳能系统效率的新领域。在众多太阳能热利用技术中，内部可以直接吸收太阳能的纳米颗粒流体，表现出不同于基液的辐射吸收特性和传热特性，能提高工质的光热转换效率，从而有效地提高太阳能热利用的效率。现有纳米颗粒的结构有很多种，主要有一般的球形结构、复合多相的核壳结构、空心球结构和双面球结构，依据这些纳米颗粒，也可以设计出结构和性能优异的复合多相纳米颗粒。在之前的研究中，研究人员大多集中在对纳米流体的物理性质的测量和计算，或者是开发新型的纳米流体。纳米流体也可以用于光伏光热系统，虽然其在光伏光热系统中的使用处于起步阶段，但取得了一些显著的效果，包括有利于太阳能光伏电池效率的提高。目前为提高太阳能电池发电效率运用较多的是，在光伏板背面增加一个热电模块来利用其热能或使用能转换频率的光子晶体等方法来提高光伏板的发电效率。随着太阳能光伏利用技术逐步取得一系列的显著成果，太阳能的使用越来越普及，对光伏发电等方面的研究愈发成为热点，由此更加引发了一系列对其光吸收效率的相关研究，同时也使人们对光伏板的表面结构更为关注，并提出了许多能够提高光吸收效率的微纳米复合结构。

1.2　太阳能热发电

1.2.1　光热电站

不管是保护环境还是保证能源不至枯竭，找到相对意义上取之不尽、用之不竭的新能源已是势不可挡。以太阳能为核心的新能源体系将主导未来能源发展。如果说 20 世纪是石油世纪，21 世纪将进入太阳能新能源世纪 [1]。我国太阳能热发电技术研究起步于 20 世纪 70 年代，虽然起步晚于技术发达国家，但有行业人员的坚定信念，国家也一如既往地重视，所以能在这条路上走得更远，在技术领域内不断取得突破。

2005 年，国内首座 70kW 塔式太阳能热发电实验电站成功实现并网发电，该电站由南京市江宁开发区与以色列合作研发建成 [2]。2012 年，我国首座兆瓦级塔式太阳能热发电站——延庆八达岭太阳能热发电实验电站竣工，该项目装机容量为 1.5MW[3,4]。同年 8 月 9 日，该电站首次全系统运行成功，此次实验的成功正式宣布中国成为第四个具有建立大型太阳能热发电站能力的国家 [5]。2013 年 10 月，浙江中控太阳能技术有限公司作为业主，在青海德令哈建设了 10MW 塔式电站，该电站采用天然气补热 [6]。

作为可持续发展的战略性新能源产业 [7,8]，太阳能热发电成为我国国民经济的有力组成部分之一。我国电力发展和清洁能源的“十三五”规划中，均要求主动支持太阳能热发电,并提出到 2020 年年底,太阳能热发电总装机容量可以达到 $500 \times 10^4 kW$,年产能 $200 \times 10^8 kW \cdot h$。2016 年,我国确定了首批太阳能热发电示范工程,项目总装机规模 $134.9 \times 10^4 kW$[9]。近三十多年,国际上也建成了很多模块化示范电站 [10]。

1.2.2　储热材料

太阳能热发电是利用太阳能的主要途径之一。但是,由于太阳能来源的间歇性,太阳能热发电离不开储热系统,而储热材料是储热系统的核心。储热介质一般可以分为显热、相变潜热和热化学反应储能材料。由于相变储热材料单独运用时,难以达到较为理想合理的相变温度和储热效果,一般采用将载体和相变材料结合的方式,从而形成一种可保持固体外形、具有不流动性的复合相变储热材料,这也是目前太阳能热发电领域的研究热点之一。复合相变储热材料,如熔融盐-石墨基材料、熔融盐-金属基储热材料以及熔融盐-陶瓷基复合材料等,均可实现相变温度可调,进而具有更优的储热导热性和更强的热稳定性。

1983 年,Abhat[11] 使用热分析和差示扫描量热技术研究多种储热材料的熔化和冷冻行为,主要包括石蜡、脂肪酸、无机盐水合物和低共熔混合物等相变温度在 $0 \sim 120°C$ 范围内的低温热熔储存材料。实际上,一些金属也具有作为储热材料的潜力,Farkas 和 Birchenall[12] 于 1985 年研究了一些新型二元和多元合金的热物性,发展了一个试差法,结合热差分析、金相图谱和显微图片分析,可用不超过 3 个步骤确定合金的组成。还有部分研究者 [13,14] 测试了不同组成的二元和三元铝合金相变储热材料的相变温度、储热密度与相变潜热,并且 Sun 等 [15] 指出,随着热循环次数的增加,材料相变温度的降低可能是由于其化学结构的退化。

除了多元金属作为储热材料的研究外,对于金属/陶瓷、陶瓷/熔融盐等不同种材料形成的复合相变储热材料的研究也在同步推进。Shin 等 [16] 将二元 GeSn 型纳米颗粒嵌入 SiO_2 基体材料中,研究了这种金属/陶瓷基复合相变材料在 $500°C$ 以内不同温度下的潜热,并发现 GeSn 二元纳米粒子的晶形可以调节和转化。Araki 等 [17] 测量了 Li_2CO_3-KCO_3 的比热和热扩散率。Yang 和 Garimella[18] 系统探索了使用熔融盐作为传热流体的热能储存系统的热特性,包括储罐温度分布和排放效率。熔融盐的熔点高出室温较多,在使用过程中容易凝固而堵塞管道导致危险,所以需要更低熔点的储能传热材料,进而可以降低系统的工作温度。目前熔融盐研究主要集中在降低熔点、提高温度使用范围上。比如,目前商业化较好的混合硝酸盐的名称及质量配方为:太阳盐(60%$NaNO_3$ + 40%KNO_3)、希特斯盐(7%$NaNO_3$ + 53%KNO_3 +40%$NaNO_2$)、低熔点的希特斯盐 (7%$NaNO_3$ + 45%KNO_3 + 48%$Ca(NO_3)_2$) 等熔融盐体系,配制的不同,使得它们的熔点逐渐降低 (分别为 $200°C$,$142°C$,$120°C$),使得工作温度范围也降低 (分别为 $220 \sim 600°C$,$142 \sim 535°C$,

120∼500℃)[19,20]。

Bradshaw 和 Siegel[21] 开发了熔点降到 100℃以下的混合硝酸盐。Raade 和 Padowitz[22] 制作出熔点为 65℃的新型五元硝酸盐，但是对应的热解温度逐渐升高，使热发电成本增加，限制了它们的广泛应用。Liu 和 Yang[23] 通过将熔融的 Na_2SO_4 渗入莫来石–刚玉多孔陶瓷预制件 (M-PCP) 中开发新的形状稳定的复合相变材料 (PCM)，结果表明，M-PCP/Na_2SO_4 在 882.17℃的熔融温度下的潜热为 54.33J/g。浸渍实验和数值模拟证明了熔融 Na_2SO_4 和 M-PCP 之间的高温化学兼容性和润湿性。Porisini[24] 和 Cabeza 等 [25] 利用浸泡腐蚀实验研究了与熔融盐水合物接触的五种常见金属的耐腐蚀性。陶瓷基复合储热材料的发展，在一定程度上减少了熔融盐对管道的腐蚀。Jiang 等 [26] 设计和评估了三种类型的共晶 Na_2SO_4-NaCl-陶瓷复合材料，以解决封闭材料的盐腐蚀问题。研究表明，共晶 Na_2SO_4-NaCl 无论是 α-氧化铝还是莫来石复合材料，其盐与陶瓷的质量比为 1:1，均具有良好的热稳定性，无裂纹，质量损失分别为 0.50%和 0.74%，在 20 次热循环后分别发生 1%和 2%的潜热降低，其中没有发生相分离和化学反应。

复合相变储热材料一方面要追求较低的相变温度，另一方面还应该增强储热材料的导热性，来增强热能的排空，以提高热电转化速率。比如，以石墨为基体的复合 $NaNO_3$/KNO_3 共熔融盐具有较好的导热性能 [27]，但多次热循环后，其热物性常数会发生变化。Acem 等 [28] 将膨胀石墨与 KNO_3-$NaNO_3$ 的混合盐复合，研究表明，冷压制备的石墨与混合盐复合材料的导热率提高了 15%∼20%，且该复合材料热物性常数变化不大。不过，它的腐蚀性强，且熔点一般为 130∼230℃。同样，也可以将碳纳米管作为基体来提高储热材料的热导率 [29−31]。

1.2.3 表面涂层

众所周知，太阳能是一种宽光谱、低强度和间歇性的能源。要实现太阳辐射能的高效热利用，必须借助聚焦系统和集热器将光能高效转化为热能，其作用是靠集热器中特殊的物质结构与材料体系实现其光谱选择性吸收功能。因此，在太阳能光热转换与应用领域，太阳光谱选择性吸收涂层是太阳能光热转换关键器件——集热器 (集热管或集热平板) 的关键材料技术，是太阳能材料研究领域的又一研究热点。

光谱选择性吸收涂层的概念最早由以色列科学家 Tabor[32] 在 20 世纪 50 年代提出。90 年代初，澳大利亚悉尼大学 Zhang 等 [33] 根据等效媒质理论在理论模拟和实验的基础上，提出了双层干涉加吸收的大三层结构的金属陶瓷多层膜设计思想，目标在于吸收所有的太阳辐射能，而抑制主要的红外热辐射。

根据涂层结构和吸收机理的不同，可以大致将太阳光谱选择性吸收涂层分为以下几类：本征吸收型、半导体–金属串联型、多层膜干涉型、金属–电介质复合型

等 [34]。金属–电介质复合型或其中的金属陶瓷复合型涂层是在电介质基体中嵌入微小的金属粒子形成的复合材料。金属陶瓷的带间吸收和小颗粒共振使得涂层对可见光和近红外光有更强烈的吸收作用 [35]，其中研究最多、应用最广泛的是多层渐变金属陶瓷膜和双干涉吸收膜系。近年来多层渐变金属陶瓷涂层被广泛报道，比如，使用 Mo、Cu 和 Ni 等作为金属层和使用 Al_2O_3 和 ZnS 等作为电介质层的多层膜结构吸收涂层已经被证实适合高温环境下使用。Zhang 和 Mills[36] 提出的双层干涉加吸收的吸收涂层从基底到表面由四部分组成，分别为：红外反射金属层、高的金属体积分数吸收层 (HMVF)、低的金属体积分数吸收层 (LMVF) 和减反射层。这种双层吸收结构的涂层比同类渐变的金属陶瓷吸收层具有更加优良的光谱选择吸收性。借助计算机辅助光学软件，可以很快计算出备选材料的光学性质，对涂层材料进行模拟和优化，从而模拟获得最佳的涂层结构、光学参数和理想光学性能的多层膜结构涂层 [37,38]。涂层的光谱选择性还可以通过调节涂层成分、涂层厚度、金属颗粒浓度、颗粒尺寸、颗粒形状和颗粒取向等来优化 [39]，还可以选择适合的减反射层和基底来提高涂层的光谱选择性和热稳定性。

1.2.4 体吸收

为了提高太阳能吸热器的集热效率，除了对表面涂层进行改进之外，另一个主要措施是内部体吸收。体吸收包括选用固体的多孔材料和多相传热的纳米流体。

多孔材料可以简单有效地改善太阳系统的传热特性 [40]，研究表明，由于多孔材料由具有相互连接的空隙的固体基质组成，因此与基材相比能够表现出增强的热性能 (更高的对流传热系数或导热性)，并且自然对流可以在多孔介质中减少 [41]。一般而言，多孔材料可用于包含吸附材料、热能储存材料、绝缘材料、蒸发材料和传热增强材料的太阳能系统中的不同目标。在太阳能系统中，所有具有高导热率的多孔材料 (如金属泡沫) 都被认为是传热增强材料。多孔材料开拓了一个帮助改善太阳能系统效率的新领域。

多孔介质被广泛应用于集中的太阳能热应用 [42]，不过由于传热面积变大同时也会引起压降的增加。太阳能系统中需要使用高导热率的多孔介质接收器，因为多孔蓄热介质热导率有着对温度的依赖性 [43]。Zhao 和 Tang[44] 通过研究确定了无规球形孔组成的碳化硅多孔介质的消光系数，并且说明了多孔介质的光学性质是根据菲涅耳定律和基于折射率的贝尔定律得到的，基本上多孔介质的消光系数强烈依赖于孔隙率和孔径，消光系数随孔径和孔隙率的减小而增大。由于消光系数是估算多孔介质中辐射特性的关键参数，并且可以估算辐射热导率，因此对消光系数的研究也相当重要。Tomić等 [45] 研究发现，穿孔板上的热对流交换强烈依赖于板的孔隙率和穿孔直径。Dissa 等 [46] 研究了一种 "多孔" 和 "无孔" 复合材料的太阳能集热器，并指出多孔吸收体收集器通常具有最高的转换效率，而这些收集器的优点是具有高传热系数，但主要缺点是在低温度下运行，导致出口空气温度显著下降；并且在实验的模型中证实了多孔介质确实明显地提高了储热热量。Reddy等[47]使用多孔圆盘增强太阳能抛物面槽式集热器的性能，实验数据证实，多孔圆盘增强接收器显著提高了抛物线槽式收集器的性能，并且可以有效地用于过程加热应用。Lim等[48]对多孔介质管式太阳能接收器进行了设计优化，在设计中指出，不锈钢制成的管状接收器内填充多孔介质，通过增大接触面积的热传递从而提高系统效率。多孔介质已经大量应用在提高储热方面，在换热器中利用多孔介质以增强热交换并使热交换器所需长度最小化且提升产品质量[49]，利用分段穿孔挡板，与环形侧换热器相比，除了环侧压降之外，还增加了传热速率[50]，在混合型光伏/集热器性能中利用多孔介质扩大传热面积从而提高集热器出口空气的热效率和温度[51]，这些均表明了多孔介质在储热性能方面的优越性。

除了常用的多孔介质外，多相的颗粒流体也可用于直接吸收太阳能，采用直吸式太阳能集热器，可以允许温度峰值出现在流体内部[52]，有利于减少热损失，降低热阻的影响，加入纳米流体的直吸式集热器可以使集热效率提升 10%[53]。太阳持续辐射下，纳米流体的热导率也随温度增加而升高。随着质量分数的增加，颗粒间的相互作用变大，对辐射的散射和吸收变强，纳米流体的透射率降低。对于颗粒平均直径为 4.9nm，体积分数为 0.1% 的镍纳米流体，在太阳辐射主要集中的可见光和近红外光波段显示出比基液更高的吸收率，而对于从纳米流体发出的热辐射主导的红外区，其吸收率与基液基本相同[54]。对于纳米流体的辐射吸收特性，一般采用有效介质理论和辐射传递方程进行分析。当分散相粒径远小于辐射波波长时，颗粒的吸收大于散射，适于采用有效介质理论进行研究。对于粒径大于或接近波长的情况，可以运用辐射传递模型来分析，该方法准确性高、数值计算量大，对辐射边界条件要求高。求解辐射传递方程的主要方法有球函数方法、离散坐标法、区域法以及蒙特卡罗法，一般仅在高度理想化的条件下求其精确解，近似解也只适用于特定的几何结构，因此有必要寻找新的思路来分析辐射吸收过程。

纳米流体集热效率的影响因素包括颗粒尺寸、形状、材料和浓度等。颗粒尺寸和形状对辐射特性和光热转换性能的影响显著。相对于传统的炭黑颗粒、铝和氧化铝颗粒[55]，碳纳米管对效率的提升作用更为出色。随着粒子尺寸的增大，添加了金属氧化物颗粒的纳米流体热导率下降[56]，而集热效率与颗粒大小的关系没有定论[57,58]。随着浓度的增加，纳米流体的吸收率会先迅速增加后逐渐减小[56]，因为较多粒子对光束的散射反而会削弱基液对热能的吸收。当纳米流体和环境的无量纲温差较小时，集热效率随流量的增大而增加，温差进一步加大，变化的趋势相反[59]。随着入射辐射强度的增加，纳米流体内的温度分布整体均匀度提高。流体表面由于对外长波辐射温度稍低，一定尺寸的集热管内温度较均匀，尺寸较大时随着入射距离的增加温度下降明显。入射光的能量由于纳米颗粒的吸收和散射而衰减，当颗粒尺寸小于辐射波波长时，吸收起主要作用，辐射能量的衰减符合负指数形式[60]。此外，通过调节颗粒的材料、尺寸以及纳米流体的浓度可以改变流体的吸收光谱，实现对太阳辐射的选择性吸收。

1.3 光伏光热耦合

1.3.1 吸热流体与光伏的结合

事实上，太阳能电池可以吸收来自太阳的入射光子并通过光伏效应进行发电。2014 年，国际能源署 (IEA) 发布了报告，其中内容有关未来能源的预估，在 2050 年的总能源生产中，将会有 16% 的光伏份额。太阳能光伏市场曾在 2015 年大幅增长，其增长速度可称之为创纪录式，全球能源生产和全球总量太阳能光伏发电容量从 50GW 增加到 227GW[61]。但是，在全球占 23.7% 可再生能源总量中，太阳能光伏发电到 2015 年仍然只占 1.2% 的电力生产份额。这表明，在全球范围内，近期对光伏太阳能电池的需求量很大。针对太阳能光伏电池存在初期投资成本高、安装面积小、转换效率低等严重问题，近年来在提高太阳能电池的效率和减少经济投入等方面的研究工作已经走了较长的路，很多实验室研究的太阳能电池的利用效率已经达到 46%，晶体硅太阳能电池经研究开发，其集热效率已经达到了 25%[62]，据调查显示，80%～85% 的太阳能电池市场是基于晶体硅太阳能电池，而且晶体硅太阳能电池在市场上也越来越受欢迎，近年来其市场占有率从 12% 上升到 18%[63]。因为晶体硅太阳能电池吸收 90% 的入射太阳光，辐照度范围为 400～1200nm，所有落在太阳能光伏 (PV) 电池上的太阳辐射不会全部转换为电能，这是该电池的一个亟待解决的问题。所以就这个问题来说，其解决的突破口是将其余的未被遮挡的太阳辐射转化为热量而不导致电池温度升高[64]。研究表明，光伏反应系统的高温环境对光伏电池的性能有不利的影响。目前，光伏电池温度上升，将使短路的概率增加 (0.06%～0.1%)/°C；但是功率输出、填充因子和开路电压分别降至 (0.4%～0.5%)/°C、(0.1%～0.2%)/°C 和 (2～2.3)mV/°C[65]。就现在的太阳能技术而言，主要采用两种比较成熟的技术进行收集，一种是将太阳能转化为热能的太阳热能技术，另一种是采用太阳能集热器和太阳能光伏技术将太阳能转化为电能[66]。作为比较发达的太阳能技术之一，太阳能热利用技术正在被非常有效地用于很多国家的农业和工业中。20 世纪 70 年代中期，太阳能热系统和光伏系统首先被耦合在一起，同时产生热量和电力。当时的整个系统主要是收集光伏过程中的余热，该系统称为光伏光热系统。

光伏光热系统同时产生电力和低品位的热能，可用于空间、工业过程的加热，也可用作预热液体、作物干燥等。光伏光热系统的优点是其需要的空间比光伏和太阳能热系统更少。另外，光伏光热系统安装成本几乎与单个光伏和太阳能热系统相同。由于光伏光热系统单位面积的安装和生产成本较低，因此可以应用在建筑物、医院或工业中较为密集的基础设施中。光伏光热系统中，光伏面板通常维持在较低的温度，可以防止硅衰减，使光伏的效率更高、寿命更长。根据各种系统参数，可以对光伏光热系统中的流动系统进行分类设计，如自然循环、强制循环、单程、双程、通道数量等[67]。近二三十年，研究人员关于光伏光热系统的设计和优化开展了大量的实验和数值研究工作，但仍然很少有光伏光热系统可用于市场[68]。

目前，光伏光热系统还处于发展阶段，已经开发出的光伏光热系统具有进一步发展和优化的可能性。许多研究者正在努力改善传统的空基和水基光伏光热系统的性能，也有研究人员主要研究了一些用于光伏光热系统的优化技术，如热管、纳米流体和相变材料等。

1.3.2　光伏–热电耦合

光伏转换是将太阳光直接转换成电能，而不需要有任何热机。它源于 1839 年 Becqurel 发现的光伏效应[69]，即光照能使半导体材料产生电位差。1954 年，Pearson 和 Fuller[70] 首次制成了实用的单晶硅太阳能电池。光热发电是指利用大规模镜面阵列聚焦太阳光，集热后提供蒸汽，通过汽轮发电机来发电。由于单一的光伏光热发电系统对太阳能全光谱能量的利用效率很低，因而光伏光热混合发电系统是提高太阳能利用率的有效途径，也构成太阳能发电领域的重点研究方向。Zhang 等[71] 分析了不同的传统太阳能电池结合热电模块系统的性能，结果表明，通过这种布置，电效率可以增加高达 30%。他们还建议，对于光伏 – 热电混合系统和非浓缩光伏–热电混合系统，多晶硅薄膜光伏电池和聚合物光伏电池的适用于更高的性能。在类似的研究中，发电效率均有一定的提高[72–74]。通过优化 PV+TEG 混合系统中的热电结构，Hashim 等[75] 研究表明，使用热电发电机模块来吸收光伏电池的热量可以提高转换效率和总发电功率。他们还表明，通过在真空条件下使用这种混合动力系统，其性能得到改善。

在太阳能发电系统中，光伏板温度升高是太阳能聚光光伏系统面临的主要挑战之一，其导致电池效率显著降低并加速电池退化[76]，这样就要求引入冷却系统来克服这一问题。Araki 等[77] 研究了单个太阳能电池被动冷却方法的效率，得出的结论是：电池和散热区域之间良好的热接触对于尽可能降低温度至关重要。Royne 等[78] 对冷却光伏电池的各种方法进行了综合评述，并提出对于单个电池，被动式冷却效果不错，而且对于浓度高于 150 个太阳的密集电池，主动冷却是必要的这一观点。Najafi 和 Woodbury[79] 通过模拟热电模块与太阳能电池背面的连接来分析所得到的混合系统的性能，由相同的 PV 电池提供运行热电冷却模块所需的功率。结果表明，如果使用合理的电量，使用热电冷却模块可以成功地将光伏电池的温度保持在低水平。

随着太阳能混合发电系统的研究深入，为了达到全光谱利用太阳能辐射能量的目标，可能通过将宽带太阳光转换为针对光伏电池调谐的窄带热辐射来提高太阳能收集的性能。Bierman 等[80] 通过将一维光子晶体选择性发射极与串联等离子体干涉滤光片配对，抑制 80% 的不可转换光子，从而表现出增强的器件性能，并测得 6.8% 的太阳电转化率，超过了光电池本身的性能。Qu 等[81] 通过实验证明，包括相变材料 $Ge_2Sb_2Te_5$ 的可调谐双频热发射体，两个发射峰值波长在非晶相处分别为 $7.36\mu m$ 和 $5.40\mu m$，可以连续调谐至 $10.01\mu m$ 和 $7.56\mu m$。该类似的研究对于通过频率转换提高光伏板对太阳辐射的全光谱吸收具有重要的指导意义。

太阳能光伏的普及将它的高效利用等方面的研究推向热点，而想要高效收集利用太阳能，则需要从其表面结构的吸收效率入手。由此便引发了一系列对其吸收效率的相关研究，同时也使人们更加关注对太阳能吸收装置的表面结构的研究，并逐步提出若干种能够提高太阳能吸收效率的微纳米复合结构：硅纳米柱阵列结构、晶体硅上的类圆锥形光子晶体结构、蛾眼结构、阵列型银硅纳米结构、垂直集成金字塔形硅衬底 GaN 硅纳米棒结构、硅纳米球和核壳硅纳米球结构、二维衍射倒金字塔阵列结构、亚波长结构、金属硅纳米等离子体结构、紫外–远红外超宽谱带高抗反射表面微硅纳米结构以及具有蝶翅减反的准周期结构等。

尽管已经有如此多的对于太阳能光热光伏的研究，但其吸收效率仍有待不断地提高。分析不同材料和结构对太阳能吸收率的影响，给出性能优异的方案，进而达到高效吸收太阳能的目的。上述研究进展对于太阳能等清洁能源的利用都具有重要意义。

参 考 文 献

[1] 杨金焕, 陆钧, 黄晓橹. 太阳能发电地面应用的前景及发展动向. 新能源, 1995, 17(2): 9-10.
[2] Zheng Z J, He Y L, Li Y S. An entransy dissipation-based optimization principle for solar power tower plants. Science China(Technological Sciences), 2014, 04: 773-783.
[3] 赵志华, 刘建军. 国内太阳能热发电技术发展与应用现状. 太阳能, 2013, (24): 29-32.
[4] 韩临武. 塔式太阳能热发电吸热器蒸发段沸腾传热的数值模拟. 北京: 华北电力大学,2015.
[5] 林修文. 塔式太阳能热发电站仿真. 成都: 西南交通大学, 2016.
[6] 王志峰, 原郭丰. 分布式太阳能热发电技术与产业发展分析. 中国科学院院刊, 2016, 31(2): 183-189.
[7] Wang Z F. Prospectives for China's solar thermal power technology development. Energy, 2010, 35(11): 4417-4420.
[8] 刘明义, 朱会宾, 余强, 等. 塔式太阳能热发电站定日镜镜面面形检测与三维重构. 可再生能源, 2015, 33(7): 971-976.

[9]   陈静, 刘建忠, 周俊虎, 等. 太阳能热发电系统的研究现状综述. 热力发电, 2012, 41(4): 17-22.

[10]   Steve S. Design and evaluation of esolar's heliostat fields. Solar Energy, 2011, 85(4): 614-619.

[11]   Abhat A. Low temperature latent thermal energy storage system: Heat storage materials. Solar Energy, 1983, 30: 313-332.

[12]   Farkas D, Birchenall C E. New eutectic alloys and their heats of transformation. Metallurgical Transactions A, 1985, 16(3): 323-328.

[13]   Gasanaliev A M, Gamataeva B Y. Heat-accumulating properties of melts. Russian Chemical Reviews, 2000, 69(2): 179-186.

[14]   Wang X, Liu J, Zhang Y, et al. Experimental research on a kind of novel high temperature phase change storage heater. Energy Conversion and Management, 2006, 47(15-16): 2211-2222.

[15]   Sun J Q, Zhang R Y, Liu Z P, et al. Thermal reliability test of Al-34%Mg-6%Zn alloy as latent heat storage material and corrosion of metal with respect to thermal cycling. Energy Conversion and Management, 2007, 48(2): 619-624.

[16]   Shin S J, Guzman J, Yuan C W, et al. Embedded binary eutectic alloy nanostructures: A new class of phase change materials. Nano Letters, 2010, 10(8): 2794-2798.

[17]   Araki N, Matsuura M, Makino A, et al. Measurement of thermophysical properties of molten salts: Mixtures of alkaline carbonate salts. International Journal of Thermophysics, 1988, 9(6): 1071-1080.

[18]   Yang Z, Garimella S V. Thermal analysis of solar thermal energy storage in a molten-salt thermocline. Solar Energy, 2010, 84(6): 974-985.

[19]   Glatzmaier G. Summary report for concentrating solar power thermal storage workshop. Technical Report, No. NREL/TP- 5500-52134, USA, 2011.

[20]   Kearney D, Herrmann U, Nava P, et al. Assessment of a molten salt heat transfer fluid in a parabolic trough solar field. Journal of Solar Energy Engineering, 2003, 125(2): 170-176.

[21]   Bradshaw R W, Siegel N P. Molten nitrate salt development for thermal energy storage in parabolic trough solar power systems. Proceedings of ES 2008 Energy Sustainability, San Francisco, USA, ASME, 2009: 615-624.

[22]   Raade J W, Padowitz D. Development of molten salt heat transfer fluid with low melting point and high thermal stability. Journal of Solar Energy Engineering-Transactions of the ASME, 2011, 133(3): 1-6.

[23]   Liu S, Yang H. Porous ceramic stabilized phase change materials for thermal energy storage. RSC Advances, 2016, 6(53): 48033-48042.

[24]   Porisini F C. Salt hydrates used for latent heat storage: Corrosion of metals and reliability of thermal performance. Solar Energy, 1988, 41: 193-197.

[25] Cabeza L F, Illa J, Roca J, et al. Immersion corrosion tests on metal-salt hydrate pairs used for latent heat storage in the 32 to 36 ℃ temperature range. Materials and Corrosion, 2001, 52: 140-146.

[26] Jiang Y, Sun Y, Jacob R D, et al. Novel Na_2SO_4-NaCl-ceramic composites as high temperature phase change materials for solar thermal power plants (Part I). Solar Energy Materials and Solar Cells, 2018, 178: 74-83.

[27] Pincemin S, Py X, Olives R, et al. Elaboration of conductive thermal storage composites made of phase change materials and graphite for solar plant. Journal of Solar Energy Engineering, 2008, 130(1): 011005.

[28] Acem Z, Lopez J, Del Barrio E P. KNO_3/$NaNO_3$-graphite materials for thermal energy storage at high temperature: Part I.—Elaboration methods and thermal properties. Applied Thermal Engineering, 2010, 30(13): 1580-1585.

[29] Karaipekli A, Biçer A, Sarı A, et al. Thermal characteristics of expanded perlite/paraffin composite phase change material with enhanced thermal conductivity using carbon nanotubes. Energy Conversion and Management, 2017, 134: 373-381.

[30] Li M, Guo Q, Nutt S. Carbon nanotube/paraffin/montmorillonite composite phase change material for thermal energy storage. Solar Energy, 2017, 146: 1-7.

[31] Qian T, Li J, Feng W. Enhanced thermal conductivity of form-stable phase change composite with single-walled carbon nanotubes for thermal energy storage. Scientific Reports, 2017, 7: 44710.

[32] Tabor H. Selective radiation. I. wavelength discrimination. II. wavefront discrimination. Bull Res Counc Isr Sect C, 1956, 5(2): 119-134.

[33] Zhang Q C, Zhao K, Zhang B C, et al. New cermet solar coatings for solar thermal electricity applications. Solar Energy, 1998, 64(1-3): 109-114.

[34] 史月艳, 那鸿悦. 太阳光谱选择性吸收膜系设计、制备及测评. 北京: 清华大学出版社, 2009.

[35] Selvakumar N, Barshilia H C. Review of physical vapor deposited (PVD) spectrally selective coatings for mid-and high-temperature solar thermal applications. Solar Energy Materials and Solar Cells, 2012, 98(5): 1-23.

[36] Zhang Q C, Mills D R. Very low-emittance solar selective surfaces using new film structures. Journal of Appllied Physics, 1992, 72(7): 3013-3021.

[37] Andersson A, HunderI O, Granqvist C G. Nickel pigmented anodic aluminum oxide for selective absorption of solar energy. Journal of Appllied Physics, 1980, 51(1): 754-764.

[38] Born M, Wolf E. Principles of Optics. New York: Pergamon, 1959.

[39] Zhang K, Hao L, Du M, et al. A review on thermal stability and high temperature induced ageing mechanisms of solar absorber coatings. Renewable and Sustainable Energy Reviews, 2017, 67: 1282-1299.

[40] Rashidi S, Bovand M, Pop I, et al. Numerical simulation of forced convective heat transfer past a square diamond-shaped porous cylinder. Transport in Porous Media, 2014, 102(2): 207-225.

[41] Hirasawa S, Tsubota R, Kawanami T, et al. Reduction of heat loss from solar thermal collector by diminishing natural convection with high-porosity porous medium. Solar Energy, 2013, 97: 305-313.

[42] Wang F Q, Guan Z N, Tan J Y, et al. Transient thermal performance response characteristics of porous-medium receiver heated by multi-dish concentrator. International Communications in Heat and Mass Transfer, 2016, 75: 36-41.

[43] Hailemariam H, Wuttke F. Temperature dependency of the thermal conductivity of porous heat storage media. Heat and Mass Transfer, 2018, 54(4): 1031-1051.

[44] Zhao Y, Tang G H. Monte Carlo study on extinction coefficient of silicon carbide porous media used for solar receiver. International Journal of Heat and Mass Transfer, 2016, 92: 1061-1605.

[45] Tomić M A, Ayed S K, Stevanović Ž Ž, et al. Perforated plate convective heat transfer analysis. International Journal of Thermal Sciences, 2018, 124: 300-306.

[46] Dissa A O, Ouoba S, Bathiebo D, et al. A study of a solar air collector with a mixed 'porous' and 'non-porous' composite absorber. Solar Energy, 2016, 129: 156-174.

[47] Reddy K S, Ravi K K, Ajay C S. Experimental investigation of porous disc enhanced receiver for solar parabolic trough collector. Renewable Energy, 2015, 77: 308-319.

[48] Lim S, Kang Y, Lee H, et al. Design optimization of a tubular solar receiver with a porous medium. Appllied Thermal Engineering, 2014, 62: 566-72.

[49] Pour-Fard P K, Afshari E, Ziaei-Rad M, et al. A numerical study on heat transfer enhancement and design of a heat exchanger with porous media in continuous hydrothermal flow synthesis system. Chinese Journal of Chemical Engineering, 2017, 25(10): 1352-1359.

[50] Salem M R, Althafeeri M K, Elshazly K M, et al. Experimental investigation on the thermal performance of a double pipe heat exchanger with segmental perforated baffles. International Journal of Thermal Sciences, 2017, 122: 39-52.

[51] Ahmed O K, Mohammed Z A. Influence of porous media on the performance of hybrid PV/thermal collector. Renewable Energy, 2017, 112: 378-387.

[52] Otanicar T P, Phelan P E, Prasher R S, et al. Nanofluid-based direct absorption solar collector. Journal of Renewable and Sustainable Energy, 2010, 2: 033102

[53] Kasaeian A, Eshghi A T, Sameti M. A review on the applications of nanofluids in solar energy systems. Renewable and Sustainable Energy Reviews, 2015, 43: 584-598

[54] Kameya Y, Hanamura K. Enhancement of solar radiation absorption using nanoparticle suspension. Solar Energy, 2011, 85(2): 299-307.

[55] Gan Y, Qiao L. Optical properties and radiation-enhanced evaporation of nanofluid fuels containing carbon-based nanostructures. Energy and Fuels, 2012, 26: 4224-4230.

[56] Menbari A, Alemrajabi A A, Rezaei A. Experimental investigation of thermal performance for direct absorption solar parabolic trough collector (DASPTC) based on binary nanofluids. Experimental Thermal and Fluid Science, 2017, 80: 218-227.

[57] Arthur O, Karim M A. An investigation into the thermophysical and rheological properties of nanofluids for solar thermal applications. Renewable & Sustainable Energy Reviews, 2016, 55(4):739-755.

[58] Leong K Y, Ong H C, Amer N H, et al. An overview on current application of nanofluids in solar thermal collector and its challenges. Renewable and Sustainable Energy Reviews, 2016, 53: 1092-1105.

[59] Delfani S, Karami M, Akhavan-Behabadi M A. Performance characteristics of a resid ential-type direct absorption solar collector using MWCNT nanofluid. Renewable Energy, 2016, 87: 754-764.

[60] Khullar V, Tyagi H, Hordy N, et al. Harvesting solar thermal energy through nanofluid-based volumetric absorption systems. International Journal of Heat and Mass Transfer, 2014, 77: 377-384.

[61] Kannan N, Vakeesan D. Solar energy for future world: A review. Renewable and Sustainable Energy Reviews, 2016, 62: 1092-1105.

[62] Green M A, Emery K, Hishikawa Y, et al. Solar cell efficiency tables (version 39). Progress in Photovoltaics Research & Applications, 2012, 20(1):12-20.

[63] Sargunanathan S, Elango A, Mohideen S T. Performance enhancement of solar photovoltaic cells using effective cooling methods: A review. Renewable and Sustainable Energy Reviews, 2016, 64: 382-393.

[64] Teo H G, Lee P S, Hawlader M N A. An active cooling system for photovoltaic modules. Applied Energy, 2012, 90(1): 309-315.

[65] Solanki C S. Solar photovoltaics: Fundamentals, technologies and applications. New Delhi PHI Learning Pvt. Ltd., 2015.

[66] Othman M Y, Ibrahim A, Jin G L, et al. Photovoltaic-thermal (PV/T) technology-the future energy technology. Renewable Energy, 2013, 49: 171-174.

[67] Hasanuzzaman M, Malek A, Islam M M, et al. Global advancement of cooling technologies for PV systems: A review. Solar Energy, 2016, 137: 25-45.

[68] Reddy S R, Ebadian M A, Lin C X. A review of PV-T systems: Thermal management and efficiency with single phase cooling. International Journal of Heat & Mass Transfer, 2015, 91:861-871.

[69] Becqurel E. On electric effects under the influence of solar radiation. Compt. Rend., 1839, 9: 561.

[70] Pearson G L, Fuller C S. Silicon pn junction power rectifiers and lightning protectors. Proc. IRE, 1954, 42: 760.

[71] Zhang J, Xuan Y, Yang L. Performance estimation of photovoltaic–thermoelectric hybrid systems. Energy, 2014, 78: 895-903.

[72] Xu X, Zhou S, Meyers M M, et al. Performance analysis of a combination system of concentrating photovoltaic/thermal collector and thermoelectric generators. Journal of Electronic Packaging, 2014, 136(4): 041004.

[73] Attivissimo F, Nisio A D, Lanzolla A M L, et al. Feasibility of a photovoltaic-thermoe lectric generator: Performance analysis and simulation results. IEEE Transactions on Instrumentation & Measurement, 2015, 64(5):1158-1169.

[74] Wang N, Han L, He H, et al. A novel high-performance photovoltaic-thermoelectric hybrid device. Energy & Environmental Science, 2011, 4(9): 3676-3679.

[75] Hashim H, Bomphrey J J, Min G. Model for geometry optimisation of thermoelectric devices in a hybrid PV/TE system. Renewable Energy, 2016, 87: 458-463.

[76] Lin W, Shih T M, Zheng J C, et al. Coupling of temperatures and power outputs in hybrid photovoltaic and thermoelectric modules. International Journal of Heat and Mass Transfer, 2014, 74: 121-127.

[77] Araki K, Uozumi H, Yamaguchi M. A simple passive cooling structure and its heat analysis for 500spl times concentrator PV module. Photovoltaic Specialists Conference IEEE, 2002: 1568-1571.

[78] Royne A, Dey C J, Mills D R. Cooling of photovoltaic cells under concentrated illumination: a critical review. Solar Energy Materials and Solar Cells, 2005, 86(4): 451-483.

[79] Najafi H, Woodbury K A. Optimization of a cooling system based on Peltier effect for photovoltaic cells. Solar Energy, 2013, 91: 152-160.

[80] Bierman D M, Lenert A, Chan W R, et al. Enhanced photovoltaic energy conversion using thermally based spectral shaping. Nature Energy, 2016, 1(6): 16068.

[81] Qu Y, Cai L, Luo H, et al. Tunable dual-band thermal emitter consisting of single-sized phase-changing GST nanodisks. Optics Express, 2018, 26(4): 4279-4287.

第 2 章　太阳能热发电系统中的复合式结构

太阳能热发电技术在未来能源利用领域的地位，不言而喻是相当重要的。目前太阳能热发电系统主要有槽式、塔式、碟式、线性菲涅耳式四种发电方式，它们各有利弊。在对这四种发电方式进行过深入了解对比和分析之后，给出了一种新型的优化结构，它结合了塔式、槽式和线性菲涅耳式的部分优点。本章首先主要从光学计算理论方面去分析，然后开展研究加以验证。

2.1　太阳能热发电技术概述

20 世纪 70 年代，欧美国家开始对太阳能热发电进行大规模性摸索和钻研，成功建设了多个可商业化运行的太阳能热发电站，并投入使用。21 世纪初，各个国家对太阳能热发电相继出台了一些鼓励政策，太阳能热发电领域也开始进入快速发展阶段。在太阳能热发电相关技术研究领域，美国和欧洲一些国家处于领跑地位。

1981 年，美国在加利福尼亚州建成首座塔式太阳能试验电站，装机容量为10MW。1983 年，法国建成 Themis 塔式示范电站，功率为 2MW。2005 年，欧洲建成第一座商业化塔式电站 PS10，发电功率可达 11MW[1]。之后，塔式或线性菲涅耳式示范电站相继建成并运营 [2−4]。

2016 年，国家能源局确定了首批 20 个热发电示范电站 (表 2.1)，要求各电站原则上在 2018 年年底前建成投产 [5]。从表 2.1 可以看出，首批示范项目均配有储能系统；在发电方式上选择了较为成熟的塔式、槽式以及线性菲涅耳式；技术路线则包括导热油槽式、熔融盐塔式和水工质线性菲涅耳式等；目前在青海、甘肃、河北、内蒙古、新疆 5 个省区开展，示范效应明显。

表 2.1　首批太阳能热发电示范项目分类比较 [5]

项目类型	塔式	槽式	线性菲涅耳式
项目数量	9	7	4
储热方式	均为熔融盐储热	均为熔融盐储热	2 个项目为熔融盐储热； 2 个项目为全固态配方混凝土储热
储热时长/h	3.7~11	4~16	6~14
系统转换效率/%	15.5~18	14.03~26.76	10.5~18.5
项目技术路线	熔融盐塔式 7 个， 水工质式 2 个	熔融盐槽式 2 个， 导热油槽式 5 个	熔融盐线性菲涅耳式 1 个， 导热油线性菲涅耳式 1 个， 水工质线性菲涅耳式 2 个

如上所述, 目前常用的太阳能热发电系统, 主要有槽式、塔式、碟式、线性菲涅耳式四种发电方式, 它们具有各自的优缺点, 下面分别加以介绍。

2.1.1　槽式太阳能热发电系统

槽式太阳能热发电系统由槽式聚光镜、集热管等构成的集热器布置在场地上, 聚光镜用单轴跟踪方式追踪太阳, 将直射太阳辐射聚焦到位于抛物线焦线的集热管上, 集热管中的工质可以加热到 400℃左右, 产生高温高压蒸汽, 从而推动汽轮机发电 [6]。

槽式太阳能热发电系统主要由聚光集热、蓄热储热、辅助能源和发电等四部分系统组成 [7]。

表 2.2 是国际上主要槽式太阳能热发电站的一些基本信息 [8]。

表 2.2　国际上主要槽式太阳能热发电站

国家地区	年份	装机容量/MW
西班牙阿尔梅里亚	1981	0.5
日本香川县	1981	1
西班牙太阳能直接蒸汽发电实验项目	1996~1999	2
希腊克里特岛 (Theseus)	1997	50
以色列	2001	100
美国南部	2006	2×50
美国内华达州	2006	64
西班牙 (Andasol 1~3)	2007	3×50
美国 (Bcacon)	2014	250

2.1.2　塔式太阳能热发电系统

塔式太阳能热发电系统主要由多台定日镜将太阳光反射集中到塔顶的高温接收器上, 转换成热能后, 再驱动发电机发电 [9]。

塔式太阳能热发电系统包括下列 5 个子系统: ①聚光子系统; ②集热子系统; ③发电子系统; ④蓄热子系统; ⑤辅助能源子系统 [9]。

典型的塔式太阳能电站如表 2.3 所示 [10]。

表 2.3　典型的塔式太阳能电站 [10]

项目名称	所属国家	投入运营年份	功率/MW	储热介质
SSPS	西班牙	1981	0.5	钠
EURELIOS	意大利	1981	1	熔融盐 + 水

续表

项目名称	所属国家	投入运营年份	功率/MW	储热介质
SUNSHINE	日本	1981	1	熔融盐 + 水
SOLAR ONE	美国	1982	10	油 + 岩石
CESA I	西班牙	1982	1.2	熔融盐
MSEE	美国	1983	1	熔融盐
THEMIS	法国	1983	2	盐类
SPP-S	乌克兰	1986	5	水 + 蒸汽
TSA	西班牙	1993	1	陶瓷
SOLAR TWO	美国	1996	10	熔融盐
PS10	西班牙	2007	10	饱和水
SEDC	以色列	2008	4~6	水 + 蒸汽
PS20	西班牙	2009	20	饱和水
GEMASOLAR	西班牙	2011	17	盐类

2.1.3 碟式太阳能热发电系统

碟式太阳能热发电系统的工作原理是,阳光照射到碟式抛物面上经过反射镜将太阳入射光线反射到集热装置,工质经过加热,进而推动斯特林发动机对外做功,最终带动发电机发电[11]。

碟式太阳能热发电系统主要由碟式抛物面聚光器、集热器、系统支架、双轴跟踪驱动系统等组成,有单碟式聚光器和多碟式聚光器两种[11]。

2.1.4 线性菲涅耳式太阳能热发电系统

线性菲涅耳反射镜聚光系统一般为三个功能区:预热区、蒸发区和过热区[12]。发电系统由聚光装置、接收器、储热装置、热动力发电机组和监控系统五部分组成[7]。

目前在世界范围内,线性菲涅耳式热发电电站的部分应用情况如表 2.4 所示[12]。

表 2.4 线性菲涅耳式热发电电站部分应用情况[12]

地点	完成时间	名称	工质	规模/MW
比利时列日	2001	Solarmundo 实验示范工程	水	—
西班牙阿尔梅里亚	2007	MAN Ferrostaal Power Industry 实验示范工程	水	0.8
美国加利福尼亚	2008	Kimberlina 示范电站	水	5
西班牙穆尔西亚	2009	PE 1	水	1.4

2.1.5 四种系统的比较

表 2.5 和表 2.6 分别给出了四种太阳能热发电系统的技术性能和优缺点比较。

表 2.5　四种太阳能热发电系统的技术性能比较

性能参数	槽式	塔式	碟式	线性菲涅耳式
单机容量/MW	10~200	10~200	0.01~0.025	10~200
聚光比	70~80	300~1500	1000~3000	50~100
吸热器工作温度/℃	395	300~1500	750	395
年均效率/%	11~16	7~20	15~25	8~13
最高效率/%	20	23	29.5	18
储能条件	可	可	电池储能	可
应用范围	大容量独立发电	大容量独立发电	小容量分布式发电	大容量独立发电

表 2.6　四种太阳能热发电系统的优缺点比较

系统形式	优点	缺点
槽式	技术较为成熟,风险低,已商业化;设备生产可批量化,低成本;系统对跟踪控制精度要求低且结构简单;安装和维修也较为方便	聚光比低、工作温度较低,和塔式相比光电转换效率低;工质流程长,导致散热损失大;提高效率和降低成本的空间有限;对地面平度要求高,抵抗风沙能力较弱
塔式	聚光比高、工作温度高;工质流程短,散热损失小;光电转换效率高;提高效率和降低成本的空间大;相对于槽式,对地面平度要求小,选择场地较为灵活;容易实现大容量和长时间储热	聚光场和吸热器需要耦合集成,技术难度较高;镜场、吸热器成本高,投资成本较高;对跟踪控制精度要求高
碟式	聚光比较大,光电转换效率高;选择场地较为灵活,建设周期相对较短;系统属于无水工质,对水资源要求极低	聚光镜成本较高;核心设备斯特林发动机制造技术难度高,存在泄漏故障可能,维修费用较高
线性菲涅耳式	结构简单,镜面容易生产、控制系统成本低,投资和维修成本较低;集热器不需要随主反射镜跟踪太阳而运动	聚光比较低;相比槽式,光电转换效率较低,占地面积大;工作温度较低,工质流程长,导致散热损失大;提高效率和降低成本的空间有限;应用范围较小

2.2　太阳几何学基础简介

　　太阳能作为目前最清洁的能源之一,它的利用也受诸多因素的影响。首先是天文因素,比如日地距离、太阳赤纬、时角等;然后是地理因素,包括经度、纬度、海拔等;还有几何因素,如太阳高度、接收辐射面的倾角、方位角等;以及物理因素,主要有太阳光谱、太阳辐照度、大气的吸收与散射等。因此,要了解到达太阳能热利用装置的辐射能,掌握不同地点、不同时间、不同日期、不同月份日照变化的规律,就必须了解地球与太阳的运动规律 [13]。

2.2.1 太阳运动规律

众所周知,地球自转一周 360°,形成一个昼夜,每个昼夜又分为 24h,所以地球每小时自转 15°。自转的角速度称为时角,用 ω 表示,时角可以通过如下公式计算:

$$\omega = (12 - T) \times 15° \tag{2.1}$$

地球除了围绕地轴自转还围绕太阳在黄道上公转 (图 2.1)。赤纬角是地球赤道平面与太阳光线的夹角,变化范围为 ±23.45°,用 δ 表示,可以通过下式计算:

$$\delta = 23.45 \times \sin\left[360 \times \frac{284 + n}{365}\right] \tag{2.2}$$

其中,n 为一年中从 1 月 1 日开始算的天数,如夏至日 (6 月 21 日) 时,$n = 172$。

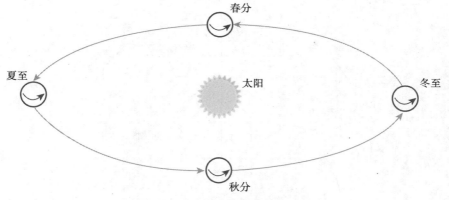

图 2.1 地球绕太阳公转示意图

在夏至日和冬至日,太阳赤纬度达到最大绝对值 23.45°,在春分日和秋分日,太阳赤纬角回到 0°,如此周而复始,四季更替[14]。

为确定太阳位置,需通过选取坐标系进行观测,常用的坐标系分为地平坐标系和赤道坐标系。地平坐标系是以地平圈为基本圈,天顶和天底为基本点,南点或北点为原点所建立的天球坐标系,如图 2.2 所示。

如图 2.3 所示,赤道坐标系是以天赤道为基本圈,天北极和天南极为基本点。在赤道坐标系中,通常用太阳赤纬角和时角来确定太阳在天球中的位置。

根据分析可以得出,地平坐标系是一种最直观的天球坐标系,和日常的天文观测最为密切,所以一般选用地平坐标系,用太阳高度角和太阳方位角来确定太阳在天球中的位置[14]。

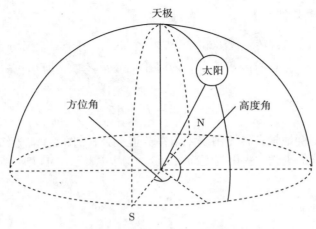

图 2.2　地平坐标系示意图

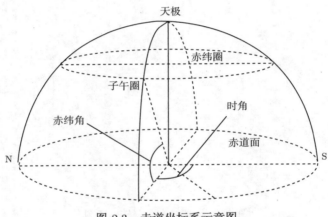

图 2.3　赤道坐标系示意图

太阳高度角和方位角是研究太阳运行规律和太阳能利用的重要参数，通过太阳高度角、方位角可精确地计算太阳在任意时刻的方位。

(1) 太阳高度角表达式为

$$\sin\theta_z = \sin\varphi\sin\delta + \cos\varphi\cos\delta\cos\omega \tag{2.3}$$

式中，θ_z 为太阳高度角；φ 为地理纬度；δ 为太阳赤纬；ω 为时角。

(2) 太阳方位角表达式为

$$\cos\theta_s = \frac{\sin\theta_z\sin\varphi - \sin\delta}{\cos\theta_z\cos\varphi} \tag{2.4}$$

以北纬 40° 的北京，时间为夏至 (6 月 21 日) 为例，计算得到一天的太阳高度角及方位角的变化如表 2.7 所示。

表 2.7 夏至北纬 40° 太阳高度角及方位角的日变程

时间	5/19	6/18	7/17	8/16	9/15	10/14	11/13	12
高度角	4°	14°	26°	37°	48°	59°	69°	73.5°
方位角	118°	109°	100°	91°	80°	65°	37°	0°

2.2.2 光的反射和空间向量运算

光的反射定律包括：反射光线、入射光线、法线都在同一平面；反射光线、入射光线分别位于法线两侧；反射角等于入射角。

空间向量有两个基本的运算：内积和外积，外积又称向量积。

假设有两个向量 $\boldsymbol{a}\,(a_1, a_2, a_3)$，$\boldsymbol{b}\,(b_1, b_2, b_3)$，两向量内积 (点乘) 法则如下式所示：

$$\boldsymbol{a} \cdot \boldsymbol{b} = a_1 b_1 + a_2 b_2 + a_3 b_3 \tag{2.5}$$

两个向量的向量积 (又称叉乘) 法则如下式所示：

$$\boldsymbol{a} \times \boldsymbol{b} = (a_2 b_3 - a_3 b_2, a_1 b_3 - a_3 b_1, a_1 b_2 - a_2 b_1) \tag{2.6}$$

其中，向量积的方向与这两个向量所在平面垂直，且遵守右手定则。

2.3 太阳能热发电系统结构优化

2.3.1 聚光系统结构优化

就目前太阳能热发电技术的发展趋势看，虽然槽式和线性菲涅耳式太阳能热发电技术已经实现商业化，但其聚光比低这一瓶颈一直无法突破；而塔式太阳能热发电系统具有较高聚光比且可商业化运作，但因其成本要求高，尤其是定日镜阵列的聚焦控制调节系统，在降低成本方面有进一步的提升空间。

基于槽式和线性菲涅耳式太阳能热发电技术，提出将槽式的太阳能水平集热管改为垂直放置的集热器，结合塔式太阳能热发电系统的特点，通过计算分析，给出一种新型的太阳能热发电聚光结构。区别于传统的塔式太阳能热发电系统，该新型结构的中心集热部分从顶部到底部均充满集热介质，这样可以在一定时间范围内不需要改变反射镜的方向就能将太阳光反射到集热器上。当过了这个时间段时再改变反射镜的方向，来实现下一个时间段的太阳光反射到集热器。该结构就大大降低了传统定日镜的调节频次，简化了控制调节系统，有利于吸热流体的均匀传热与储热。另外，竖直放置相对于槽式等的水平放置，热对流损失降低，这些优点对太阳能热发电的商业化运作有一定促进意义。

下面主要针对该优化结构，从光路计算理论方面进行具体的分析。

2.3.2　光路计算

由 2.2 节可以知道,任意时刻太阳的方向位置可以由一个高度角和一个方位角确定。一天之内太阳的高度角在不断变化,正午直射到地面的高度角作为太阳在这一天内的直射角,该直射角随季节变化,比如北京的冬至和夏至的直射角相差四十多度,所以一天内入射光的角度变化很小。由于设计要达到一天的某段时间内反射镜角度不变,所以先选取直射角计算。

建立地平坐标系,以反射镜中心 O 为原点,x 轴正半轴指向正东,y 轴正半轴指向正北,z 轴指向天顶垂直于地平面。如果取 α 为直射角,α 的范围为 $0° \sim 90°$,θ 以 y 轴正半轴顺时针开始测量,θ 的范围为 $0° \sim 360°$。

太阳光照射到反射镜,通过反射镜将太阳光反射到太阳光接收器。入射光线用向量 a 表示,方向由反射镜指向太阳;法线用向量 b 表示,方向由入射光线和反射光线决定;反射光线用向量 c 表示,方向由反射镜指向太阳光接收器。

反射镜中心到太阳的单位向量 a:

$$\left(\frac{\sin \theta_1}{\sqrt{1 + (\cos \theta_1)^2 (\tan \alpha_1)^2}}, \frac{\cos \theta_1}{\sqrt{1 + (\cos \theta_1)^2 (\tan \alpha_1)^2}}, \frac{\cos \theta_1 \tan \alpha_1}{\sqrt{1 + (\cos \theta_1)^2 (\tan \alpha_1)^2}} \right)$$

反射镜法线的单位向量 b:

$$\left(\frac{\sin \theta_2}{\sqrt{1 + (\cos \theta_2)^2 (\tan \alpha_2)^2}}, \frac{\cos \theta_2}{\sqrt{1 + (\cos \theta_2)^2 (\tan \alpha_2)^2}}, \frac{\cos \theta_2 \tan \alpha_2}{\sqrt{1 + (\cos \theta_2)^2 (\tan \alpha_2)^2}} \right)$$

反射镜中心到接收器的单位向量 c:

$$\left(\frac{\sin \theta_3}{\sqrt{1 + (\cos \theta_3)^2 (\tan \alpha_3)^2}}, \frac{\cos \theta_3}{\sqrt{1 + (\cos \theta_3)^2 (\tan \alpha_3)^2}}, \frac{\cos \theta_3 \tan \alpha_3}{\sqrt{1 + (\cos \theta_3)^2 (\tan \alpha_3)^2}} \right)$$

式中,$\theta_1, \theta_2, \theta_3 \in (0°, 360°)$;$\alpha_1, \alpha_2, \alpha_3 \in (0°, 90°)$。

由 2.2.2 小节中的反射定律和矢量运算分析可得,入射光线 a、法线 b 和反射光线 c 三者之间满足如下关系:

$$a \cdot b = b \cdot c \tag{2.7}$$

$$a \times b = b \times c \tag{2.8}$$

将三条线的表达式代入,可得

$$
\frac{\sin \theta_1 \sin \theta_2 + \cos \theta_1 \cos \theta_2 + \cos \theta_1 \tan \alpha_1 \cos \theta_2 \tan \alpha_2}{\sqrt{1 + (\cos \theta_1)^2 (\tan \alpha_1)^2} \sqrt{1 + (\cos \theta_2)^2 (\tan \alpha_2)^2}}
$$

$$
= \frac{\sin \theta_2 \sin \theta_3 + \cos \theta_2 \cos \theta_3 + \cos \theta_2 \tan \alpha_2 \cos \theta_3 \tan \alpha_3}{\sqrt{1 + (\cos \theta_2)^2 (\tan \alpha_2)^2} \sqrt{1 + (\cos \theta_3)^2} \sqrt{1 + (\cos \theta_3)^2 (\tan \alpha_3)^2}} \tag{2.9}
$$

$$\frac{\cos\theta_1\cos\theta_2\tan\alpha_2 - \cos\theta_1\cos\theta_2\tan\alpha_1}{\sqrt{1+(\cos\theta_1)^2(\tan\alpha_1)^2}\sqrt{1+(\cos\theta_2)^2(\tan\alpha_2)^2}}$$
$$=\frac{\cos\theta_2\cos\theta_3\tan\alpha_3 - \cos\theta_2\cos\theta_3\tan\alpha_2}{\sqrt{1+(\cos\theta_2)^2(\tan\alpha_2)^2}\sqrt{1+(\cos\theta_3)^2(\tan\alpha_3)^2}} \tag{2.10}$$

$$\frac{\sin\theta_1\cos\theta_2\tan\alpha_2 - \sin\theta_2\cos\theta_1\tan\alpha_1}{\sqrt{1+(\cos\theta_1)^2(\tan\alpha_1)^2}\sqrt{1+(\cos\theta_2)^2(\tan\alpha_2)^2}}$$
$$=\frac{\sin\theta_2\cos\theta_3\tan\alpha_3 - \sin\theta_3\cos\theta_2\tan\alpha_2}{\sqrt{1+(\cos\theta_2)^2(\tan\alpha_2)^2}\sqrt{1+(\cos\theta_3)^2(\tan\alpha_3)^2}} \tag{2.11}$$

$$\frac{\sin\theta_1\cos\theta_2 - \cos\theta_1\sin\theta_2}{\sqrt{1+(\cos\theta_1)^2(\tan\alpha_1)^2}\sqrt{1+(\cos\theta_2)^2(\tan\alpha_2)^2}}$$
$$=\frac{\sin\theta_2\cos\theta_3 - \cos\theta_2\sin\theta_3}{\sqrt{1+(\cos\theta_2)^2(\tan\alpha_2)^2}\sqrt{1+(\cos\theta_3)^2(\tan\alpha_3)^2}} \tag{2.12}$$

其中，根据问题分析，得 α_1, θ_2, α_2, θ_3 是常量，θ_1, α_3 是变量。求解问题归结为 α_1, θ_3 的值给定，求 θ_2, α_2 的值。

由式 (2.10) 和式 (2.11) 可得

$$\frac{\cos\theta_1\tan\alpha_2 - \cos\theta_1\tan\alpha_1}{\cos\theta_3\tan\alpha_3 - \cos\theta_3\tan\alpha_2} = \frac{\sin\theta_1\cos\theta_2 - \cos\theta_1\sin\theta_2}{\sin\theta_2\cos\theta_3 - \cos\theta_2\sin\theta_3} \tag{2.13}$$

由式 (2.13) 可得

$$\tan\alpha_3 = \frac{\tan\alpha_2\tan\theta_2 + \tan\alpha_1\tan\theta_2 - \tan\alpha_1\tan\theta_3 - \tan\alpha_2\tan\theta_1}{\tan\theta_2 - \tan\theta_1} \tag{2.14}$$

由式 (2.9) 和式 (2.11) 可得

$$\frac{\sin\theta_1\sin\theta_2 + \cos\theta_1\cos\theta_2 + \cos\theta_1\tan\alpha_1\cos\theta_2\tan\alpha_2}{\sin\theta_2\sin\theta_3 + \cos\theta_2\cos\theta_3 + \cos\theta_2\tan\alpha_2\cos\theta_3\tan\alpha_3}$$
$$=\frac{\sin\theta_1\cos\theta_2\tan\alpha_2 - \sin\theta_2\cos\theta_1\tan\alpha_1}{\sin\theta_2\cos\theta_3\tan\alpha_3 - \sin\theta_3\cos\theta_2\tan\alpha_2} \tag{2.15}$$

把式 (2.14) 代入式 (2.15) 可得 θ_2, α_2 满足的另一个关系式。

另外，在地平坐标系下，空间任意方向都可由两个角 α(高度角) 和 θ(方位角) 确定。各向量均用单位向量表示，可得

$$\boldsymbol{a} = \cos\alpha_1\sin\theta_1, \cos\alpha_1\cos\theta_1, \sin\alpha_1$$

$$\boldsymbol{b} = \cos\alpha_2\sin\theta_2, \cos\alpha_2\cos\theta_2, \sin\alpha_2$$

$$\boldsymbol{c} = \cos\alpha_3\sin\theta_3, \cos\alpha_3\cos\theta_3, \sin\alpha_3$$

同样，它们需要满足反射定律，即由式 (2.7) 和式 (2.8) 可得

$$\cos\alpha_1\sin\theta_1\cos\alpha_2\sin\theta_2 + \cos\alpha_1\cos\theta_1\cos\alpha_2\cos\theta_2 + \sin\alpha_1\sin\alpha_2$$
$$= \cos\alpha_2\sin\theta_2\cos\alpha_3\sin\theta_3 + \cos\alpha_2\cos\theta_2\cos\alpha_3\cos\theta_3 + \sin\alpha_2\sin\alpha_3 \quad (2.16)$$

$$\cos\alpha_1\cos\theta_1\sin\alpha_2 - \cos\alpha_2\cos\theta_2\sin\alpha_1$$
$$= \cos\alpha_2\cos\theta_2\sin\alpha_3 - \cos\alpha_3\cos\theta_3\sin\alpha_2 \quad (2.17)$$

$$\cos\alpha_1\sin\theta_1\sin\alpha_2 - \cos\alpha_2\sin\theta_2\sin\alpha_1$$
$$= \cos\alpha_2\sin\theta_2\sin\alpha_3 - \cos\alpha_3\sin\theta_3\sin\alpha_2 \quad (2.18)$$

$$\cos\alpha_1\sin\theta_1\cos\alpha_2\cos\theta_2 - \cos\alpha_1\cos\theta_1\cos\alpha_2\sin\theta_2$$
$$= \cos\alpha_2\sin\theta_2\cos\alpha_3\cos\theta_3 - \cos\alpha_2\cos\theta_2\cos\alpha_3\sin\theta_3 \quad (2.19)$$

其中，α_2、θ_2、θ_3 为常量；α_1、θ_1、α_3 为变量；已知 α_1、θ_1、θ_3，求 α_2、θ_2 的值。

将式 (2.17) 和式 (2.18) 整理可得

$$\tan\alpha_3 = \left(\begin{array}{c} \cos\alpha_1\cos\theta_1\sin\theta_3\sin^2\alpha_2 - \sin\theta_3\sin\alpha_2\cos\alpha_2\cos\theta_2\sin\alpha_1 \\ -\cos\alpha_1\cos\theta_3\sin\theta_1\sin^2\alpha_2 + \sin\alpha_2\cos\alpha_2\sin\theta_2\sin\alpha_1\cos\theta_3 \end{array}\right)$$
$$\div (\cos\alpha_1\cos\theta_1\sin\theta_2\sin\alpha_2\cos\alpha_2 - \cos\alpha_1\sin\alpha_2\cos\alpha_2\sin\theta_1\cos\theta_2) \quad (2.20)$$

将式 (2.16) 和式 (2.19) 整理并将式 (2.16) 代入可得

$$\cos\alpha_1\cos\theta_1\sin^2\alpha_2\sin\theta_3 - 2\sin\alpha_1\sin\alpha_2\cos\alpha_2\cos\theta_2\sin\theta_3$$
$$- \cos\alpha_1\sin\theta_1\sin^2\alpha_2\cos\theta_3 + 2\sin\alpha_1\sin\alpha_2\cos\alpha_2\sin\theta_2\cos\theta_3$$
$$+ \cos\alpha_1\sin\theta_1\cos^2\alpha_2\sin^2\theta_2\cos\theta_3 + 2\cos\alpha_1\cos\theta_1\cos^2\alpha_2\sin\theta_2\cos\theta_2\cos\theta_3$$
$$- 2\cos\alpha_1\sin\theta_1\cos^2\alpha_2\sin\theta_2\cos\theta_2\sin\theta_3 - \cos\alpha_1\cos\theta_1\cos^2\alpha_2\cos^2\theta_2\sin\theta_3$$
$$- \cos\alpha_1\sin\theta_1\cos^2\alpha_2\cos^2\theta_2\cos\theta_3 + \cos\alpha_1\cos\theta_1\cos^2\alpha_2\sin^2\theta_2\sin\theta_3 = 0 \quad (2.21)$$

令式 (2.21) 等号左边为 Y，则只要求得符合 $Y = 0$ 时的 α_2、θ_2 的值即可。

根据表 2.8 可得 α_1、θ_1 随时间变化，采用数值方法求解式 (2.21)，就可得到特定时间段内某空间位置反射镜的法线方向。

表 2.8 α_1 和 θ_1 的日变程

时间	6	7	8	9	10	11	12
α_1	14°	26°	37°	48°	59°	69°	73.5°
θ_1	71°	80°	89°	100°	115°	143°	180°
时间	13	14	15	16	17	18	
α_1	69°	59°	48°	37°	26°	14°	
θ_1	217°	245°	260°	271°	280°	289°	

2.4 本 章 小 结

太阳能热发电技术已经越来越趋于成熟,目前主要有槽式、塔式、碟式、线性菲涅耳式四种热发电系统技术,它们各自都有其优点。槽式太阳能热发电系统虽然技术已经可商业化运行,但其聚光比低的缺点难以突破,其技术性能可以达到有限的制高点。在可以商业化且大规模发电情况下,塔式太阳能热发电具有其他热发电技术不可比拟的优势,所以塔式太阳能热发电技术有利于实现大规模并网发电。

本章主要针对太阳能热发电系统提出一个新的复合式结构,对现有的四种主要太阳能热发电技术进行了深入分析,对比四种发电方式各自的优缺点,首次提出一种新的太阳能热发电复合式结构,并在光路计算方面进行研究,验证其可行性。该复合式结构主要是结合了塔式与槽式热发电的某些优点,在此研究的基础上可以进行延伸拓展,有望能促进太阳能热发电技术的发展,尤其是在降低成本、提高效率方面提供帮助。

参 考 文 献

[1] Mills D. Advances in solar thermal electricity technology. Solar Energy, 2004, 76(1-3): 19-31.

[2] Schell S. Design and evaluation of esolar's heliostat fields. Solar Energy, 2011, 85(4): 614-619.

[3] Lovegrove K, Dennis M. Solar thermal energy systems in Australia. International Journal of Environmental Studies, 2006, 63(6): 791-802.

[4] Mills D R, Le Lievre P, Morrison G L. First results from compact linear Fresnel reflector installation. Proceedings of ANZSES Solar 2004, 2004.

[5] 杨圣春, 项棵林, 杨帆, 等. 我国太阳能热发电产业现状与展望. 中外能源, 2017, 22(6): 19-23.

[6] 郭苏, 刘德有, 王沛, 等. 槽式太阳能热发电系统综述. 华电技术, 2014, 36(12): 70-75.

[7] 牛亚楠. 槽式太阳能热发电导热油传输系统防凝方案研究. 北京: 华北电力大学, 2014.

[8] 王政航. 槽式太阳能聚光集热器集热性能研究. 武汉: 华中科技大学, 2015.

[9]　Powell K M, Rashid K, Ellingwood K, et al. Hybrid concentrated solar thermal power systems: A review. Renewable and Sustainable Energy Reviews, 2017, 80: 215-237.

[10]　章国芳, 朱天宇, 王希晨. 塔式太阳能热发电技术进展及在我国的应用前景. 太阳能, 2008, 11: 33-37.

[11]　苏君. 10kW 碟式太阳能热发电控制系统的研究. 包头: 内蒙古科技大学, 2014.

[12]　李启明, 郑建涛, 徐海卫, 等. 线性菲涅耳式太阳能热发电技术发展概况. 太阳能, 2012, 25(7): 41-45.

[13]　何梓年. 太阳能热利用. 合肥: 中国科学技术大学出版社, 2009.

[14]　刘化果. 高性能塔式太阳能定日镜控制系统研究. 济南: 济南大学, 2010.

第3章 太阳能储热介质的性能优化

如第 2 章所述,利用太阳能的主要途径之一就是太阳能热发电,但由于太阳能来源的间歇性,无论哪种太阳能热发电方式,都离不开储热系统。储热介质的好坏会影响储热系统的工作性能。本章重点研究太阳能储热介质。首先通过分析常用储热介质材料的优缺点,设计一种改进的复合相变储热材料,找到一种适合的材料结构,并实验分析它的导热能力、储热性能,讨论它的工作温度范围。

3.1 复合储热介质

一般来说,储热材料大体分为液体和固体两种,除了化学储能,储热方式主要包括潜热和显热两大类。固体显热储热材料主要为耐高温混凝土和铸造陶瓷,液体显热储热材料比较常用的包括熔融盐、矿物油、导热油、液体金属和水等。潜热储热材料主要包括有机类、熔融盐类、合金类及复合类等 [1]。

3.1.1 相变储热材料

相变材料又分为有机材料、无机材料和共融物。有机材料分为石蜡和非石蜡,石蜡为含有正链烷烃 $CH_3\text{-}(CH_2)_n\text{-}CH_3$ 的合成链。Parksetal 发表了有关正链烷烃热性质的信息 [2,3]。无机材料可以进一步分为盐水合物和金属 [4]。盐水合物是无机盐和水的化合物,它的强结晶通式是 AB 型,而作为相变材料的金属,其显著特点是高导热性 [5]。

Kenisarin 和 Mahkamov[6],叶锋等 [7] 通过研究发现,混合盐类的组成及配比不同,它们熔融时的温度也将会不同,故可以通过调节不同种盐类的组分配比,达到控制熔融盐熔融温度的目的,满足中高温区域工作要求。实验表明,改变盐类配比确实能降低熔点,部分配比的混合碳酸盐在降温过程中,组分的析出温度低于熔点,这说明一定配比的混合碳酸盐能稳定安全用于太阳能储热系统。满足以上条件且初晶点小于熔点的混合盐熔化潜热都比较大 [8]。

由于混合硝酸盐 (包含混合亚硝酸盐) 可以同时具备熔点较低、比热容较大、导热系数较大、黏度低、蒸汽压低、热分解温度较高、腐蚀性很小等优点,因此太阳能热发电站主要采用它们作为储热传热材料。目前,太阳盐因具有材料成本低廉、热稳定很强且温度可高达 600℃的特性,在太阳能储热中应用广泛。但其熔点较高,当熔融盐冷却结晶时,传热流体管道很容易发生冻堵,需要铺设加热设备。

希特斯盐的应用也较为广泛，其工作温度区间为 142~535℃，价格同样比较低廉，但相比太阳盐，其熔点和热稳定性同时下降。此外目前最新且最有应用潜力的熔融盐储热传热材料为低熔点的希特斯盐，它的工作温度区间为 120~500℃，成本低，缺点是在较低的温度下其黏度会增大，但温度较高时它与前两者黏度相差不大。总之，硝酸盐普遍价格比较低，且其对载盐材料腐蚀性小，小于 500℃时一般不容易分解，但其传热能力不高。此外，熔融热相对较小、使用温度低等也是其缺点[9]。

关于氯盐及氟盐，部分研究者也开展了相关工作[10]。氯盐的工作温度范围宽泛，相变潜热比较大，根据实际需求，可通过用不同比例混合制成混合氯盐来调控其熔点。氯盐成本低且种类繁多，但确定氯盐的工作温度上限有一定的困难，且大部分的氯盐有强腐蚀性。氟盐的优点是黏度小、熔融热大、能和金属材料相容，属于在高温环境下工作的储热材料，其缺点是传导热量的能力不高，相变时体积收缩率较大。

为了进一步提高熔融盐的储热性能，可通过向熔融盐中加入金属合金以及其他复合材料，运用相关技术制备微纳结构储热材料，以增加其传导热量的能力，增强力学性能，并同时提高其化学稳定性[11,12]。

关于有机材料方面，Huang 等[13] 和 Messerly 等发布了在 -261.0~26.8℃的温度范围内，从 $n = 8$ 到 $n = 16$ 的大量烷烃 (C_nH_{2n+2}) 排列的热容量数据信息[14]。石蜡的熔化过程随着链长的增加而增加，这可能是由正链烷烃链之间的瞬时偶极矩作用力的增加引起的。非石蜡是性质较为普遍的相变材料。Abhat 等[15]，Sodha 等[16] 对有机材料进行了广泛的综述，区分了各种适用于储能目的的酯类、不饱和脂肪酸和乙二醇。这些有机材料的普遍特征是：高熔化热、易燃、低导热、低闪点、不同程度的毒性和高温下的不安全状况。脂肪酸拥有与石蜡相似的热质量，$CH_3(CH_2)_{2n}COOH$ 为描述所有不饱和脂肪酸的通式，随后演变成相变材料。它们的显著缺点是成本昂贵，且在结构上具有破坏性。

基于以上储热材料的研究成果，李永亮等[17] 认为储热技术的发展有两个新的研究方向：第一是具有宽的工作温度区域、高材料性能的储热介质，本课题研究的即为此方向；第二是要不断优化对储热过程的控制和管理，该储热过程是系统级的。

Kumaresan 等[18] 进行了一项探索性的研究，以研究与储能单元结合的太阳能抛物面槽式集热器的运行情况。该系统由一个槽式集热器和一个包含 230L 的 Therminol 55 导热油的蓄热器罐组成，它也被用作传热流体和容积泵。在一天的试验过程中，观察到蓄热器罐中的 Therminol 55 导热油的温度升高，并且评估了集热器的有效热增益、系统的单个/整体部件的热效率等性能参数。

潜热材料是作为蓄热器介质而特别应用的，蓄热器介质在近 20 年来已经有大量的研究。相变材料具有一些独特的状态，即凝固、熔化和汽化，其中熔化和凝固是固-液相变材料的基本特征，在这些过程中，材料既能储存大量的能量，又能释放大量能量。考虑到这些特性，相变材料在许多现实应用中用于储存热能[19]。蓄热器的有用性在1983年由Abhat[20]提出，Lane等[21-23]，Dincer和Rosen[24]相继提及了相变材料应用的相关检验。

通过深入的分析，Pandey等[25]对太阳能储热材料的未来研究提出了几点建议，比如，相变材料具有低导热性和热传递性，可以通过使用铝发泡来进行改善；热能储存系统将变成开放资源，蓄热器很有可能成为将供热与供冷联系起来的纽带。

3.1.2 矿物基材料

基于矿物特性的太阳能储热材料一般分为两种：非金属矿物基太阳能储热材料和金属矿物复合太阳能储热材料[26]。

(1) 非金属矿物基太阳能储热材料。关于石墨复合相变材料，张正国等[27]利用多孔膨胀石墨吸附性好并且传热能力强的矿物特性，制备出传热能力良好的石蜡复合膨胀石墨材料。多孔膨胀石墨能将液相状态的石蜡吸附在膨胀石墨的微孔结构内。石墨还有较高的导热系数，复合之后能帮助提高石蜡的导热能力。复合材料的导热系数与石墨密度成正比，相变潜热与石墨密度成反比。除此之外，还有珍珠岩复合相变材料、蛭石复合相变材料、硅藻土复合相变材料、埃洛石复合相变材料和石膏基复合相变建筑材料。这些使用了比热容大的、导热能力良好的、多孔的、热稳定性与化学兼容性良好的天然矿物，用来支撑、固定相变材料，制备太阳能储热材料。为了解决相变储热材料热物理学性能以及在运输、储存过程中的问题，宋宇宽等[28]提出可加膨胀石墨、金属、陶瓷等制成高定型的相变复合材料。王淑萍[29]研究了几种复合相变材料的性能，选取膨胀石墨作为支撑、固定物质，选取的相变材料分别为癸二酸、RT100和甘露醇。使用吸附法制备三种复合相变材料，分别为癸二酸/膨胀石墨、RT100/膨胀石墨和甘露醇/膨胀石墨。通过实验对复合相变材料的结构稳定性、化学稳定性以及热可靠性进行了分析。

(2) 金属矿物复合太阳能储热材料。高温混凝土作为储热材料，与具有较好的导热性能以及较大的比热的金属矿渣复合，可制备热物性能稳定的显热储热材料。矿物有很多优势，如结构和形貌独特，热稳定性好与化学惰性强，作为支撑基体不与相变材料发生反应，有好的兼容性，以及价格便宜等。相变材料的潜热高，但是传导热量的能力较低，在液相状态时会发生流动。在实际应用中，可以通过采用导热性能好、具有良好化学稳定性和热稳定性的矿物基体，支撑、固定无机或有机相变材料，改善其应用性能。将矿物材料与相变材料复合后，可以提高导热能力，增大潜热。更重要的是，熔融盐相变材料液相会发生流动，凝固后可能会堵塞管道，当矿物作基体后可以固定住液体相变材料，降低对熔融盐熔点的要求[30]。

研究发现，金属合金材料导热能力远远高于其他相变储热材料，且其储热密度大、热循环稳定性好。但在高温工作的场合，它们在高温条件下的液态腐蚀性强，会腐蚀容器，与容器材料难以相容，限制了它们作为相变储热材料的应用[31]。对于铝硅合金材料[32]，其储热密度大、热导率高、长期热循环实际应用中性能稳定，因此，在高温工作环境中应用具有明显的优势，适合太阳能热发电中储热。然而，在高温环境下，液态腐蚀性强，从而限制了它的应用。

如果选择堇青石作为储热材料 (该材料是通过煅烧铝矾土等矿物材料原位合成的)，具有以下优点：①抗热震性能良好；②膨胀系数低，体积受热不容易发生膨胀；③良好的耐高温能力[33]。因此，堇青石材料可以在高温环境下应用。

通过使用 X 射线衍射、红外光谱、差热分析等仪器和方法，可以分析基体材料为铝酸盐水泥的储热材料的性能，即不同水灰比的水化浆体在热处理前后的力学性能和热性质。结果表明，浆体的各项性能与水灰比呈反比关系，随着水灰比的增加，浆体的抗压强度、导热能力和体积热容等性能都呈下降趋势。热处理后，水化产物发生了热分解，造成浆体的抗压强度、热导率和比热容的降低[34]。混凝土和碳素储热材料在太阳能储热领域中的实际应用也具有重要的开发潜力[35,36]。

以往的研究中更多关注的是单一的相变材料或者是相变材料的简单复合，这样的材料往往存在一些缺点，比如，熔融盐材料导热能力不高，金属或合金材料具有较大的腐蚀性问题等。另外，较少有以改变材料的组成结构来结合多种材料，得到一种能集合常用材料的优点、补充不足的复合材料。下面将在相变材料的基础上，添加用以固定相变材料的陶瓷基体，以改善、弥补传统相变材料的缺点和不足。和以往的研究不同，这不是传统的让熔融盐吸附在多孔陶瓷上，而是将熔融盐和陶瓷以核壳结构的方式结合，制成储热材料并研究其性能。

3.2   储热材料的设计和配置

3.2.1   相变材料和包裹材料的选取

通过研究发现，混合盐类可以通过改变不同的盐类的配置比例，控制熔融盐的工作温度，提高熔融盐的储热能力和降低熔点。希特斯盐目前使用较为普遍，熔点为 142℃，工作温度范围为 142~535℃，储热能力好，潜热很大，储能密度高，并且价格低廉。故本次实验使用希特斯盐作为相变材料。金属及金属合金材料导热系数远远高于其他相变储热材料，而且具有储热密度大、热循环稳定性好等诸多优点，其中硅基合金材料效果极好。故本实验考虑往希特斯三元熔融盐中加入金属或其合金粉末以增加其传热性能，增强其力学性能，同时提高其化学稳定性。

随着材料科学的发展，纳米技术越来越多地被应用于工业中。研究发现，掺入低质量分数的纳米颗粒能有效提高混合多元硝酸盐材料的比热容[37]。而且，将纳米级别的 SiO_2 粉末分散入混合硝酸熔融盐中，也能提高熔融盐的性能[38]。加入后比热容比原先高 20% 左右，并且熔融盐的导热能力能够得到增强，储存热能的密度增加。此外，熔融盐的黏度将会降低，储热的成本也会减少。

综上所述，实验的相变材料采用平均直径为 20nm 的氧化硅纳米颗粒复合三元熔融盐材料。

希特斯熔融盐的组分为 53%KNO_3、40%$NaNO_2$、7%$NaNO_3$。上述三种硝酸、亚硝酸熔融盐单体，经过干燥，按照质量分数要求将单体机械混合，静态加热熔融、自然冷却，之后由球磨机粉碎可以得到三元熔融盐。

目前，制作金属纳米颗粒复合熔融盐的方法主要有两种：两步水溶液法和高温熔融法。

1) 两步水溶液法

两步水溶液法是先使用超声波振荡，使纳米金属颗粒能均匀地分散在熔融盐水溶液中。然后，加热熔融盐复合纳米颗粒的水溶液，蒸干该复合溶液，制备出熔融盐纳米流体。两步水溶液法制备的熔融盐纳米流体的优点为：复合溶液分散均匀。但是在高温条件下，稳定性能差，即长时间加高温，则会不稳定。

2) 高温熔融法

高温熔融法首先通过机械力将纳米级颗粒和熔融盐混合在一起，在施加如剪切力或撞击力等机械能的情况下使纳米颗粒在熔融盐中分散。接着，高温加热混合物，并不断搅拌。这使得纳米颗粒能均匀混合到熔融盐基液中。此方法制备的熔融盐纳米流体在高温条件下的稳定性好，能够长时间在高温环境下稳定使用。

经过对比分析，因为要获得较大的工作范围的熔融盐相变材料，且需要稳定性好、组分均匀的熔融盐纳米颗粒复合材料，故使用高温熔融法。实验选用的氧化硅粉末占总复合颗粒的质量分数为 1%。

因为该三元盐不能骤冷骤热，故用加热器均匀加热装有三元希特斯熔融盐的不锈钢容器，保持温度均匀增加至 142℃(熔融盐熔化温度) 以上。当三元盐完全熔化后，加入平均直径为 20nm 的氧化硅纳米颗粒，机械搅拌 20min 至颗粒分散均匀，此时混合溶液呈黄色 (图 3.1)。让复合溶液自然冷却至室温，凝固后的材料呈白色 (图 3.2)。使用球磨机将凝固后的复合熔融盐磨成粉末。

选取矿物基体，用以包裹、固定相变材料，使相变材料熔化后不会随意流动，凝固后不会堵塞管道。这样可降低对熔融盐熔点的要求。目前许多太阳能储热的显热材料选用高温混凝土或陶瓷。本课题选用陶瓷。陶瓷的传热能力强，储热能力大，价格低廉，化学性质稳定，热稳定性强，具体有以下特点：

(1) 耐热性能良好，不发生熔融，不发生软化；

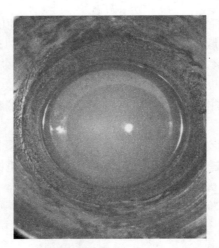

图 3.1　机械搅拌后的添加了氧化硅的熔融盐

图 3.2　凝固后的添加纳米氧化硅的熔融盐

(2) 热膨胀系数小;

(3) 导热系数高,有广泛的导热系数范围可供选择;

(4) 耐热冲击性能好,强度随温度的升高而增大,在高温下尺寸和机械性能稳定;

(5) 具有绝缘性,不导电,是良好的绝缘体;

(6) 抵抗腐蚀的性能良好,而且耐磨损性能良好;

(7) 价格低廉,成本低,经济效益好。

陶瓷的性能良好,而价格低廉,不和熔融盐发生化学反应,因此,陶瓷是合适的基体材料。

在实际实验中,陶泥在使用中具有可塑性、抗磨损能力强、耐高温的特点,可以将熔融盐固定、包裹起来,能实现制作的要求。

3.2.2 工艺设计

选取核壳结构,即外层陶瓷壳层,用来包裹三元熔融盐相变材料。三元盐复合纳米颗粒相变材料的潜热高,但是导热系数相对较低,材料流动性大,在凝固时有堵塞管道的风险。陶瓷材料的导热能力好,储热能力也强,通过采用导热性能好、具有稳定结构的陶瓷基体包裹相变材料,改善其应用性能。将陶瓷材料与相变材料制备成陶瓷–熔融盐核壳结构材料,可具有高的导热系数、大的潜热,而且固定了熔融盐,防止其凝固时堵塞管路,也就可以对材料的熔点具有较低的要求,具有研究意义。

陶瓷烧制工艺包括传统烧陶工艺和冷陶工艺等。如果选用传统烧陶工艺,结合制作选用的材料,需要将陶粉加水和成泥浆,浇入模具,放入固态相变材料,压紧模具,等陶泥干了之后脱模,在 1000℃以上烧制成陶瓷。但是因为传统陶瓷的烧制方法需要 1000℃以上,熔融盐在 600℃以上将会分解挥发,熔融盐无法实现固–液相变的使用条件,故需采用新的方法。

冷陶工艺即在较低的温度条件下使用与传统不同的方法烧制陶瓷,研究表明,冷陶工艺制作出来的陶瓷和传统工艺制作出来的陶瓷性能相当。Guo 等 [39] 研究发现,该工艺使用瞬态水环境通过介导的溶解和沉淀过程实现致密化。通过使用酸性或碱性水溶液作为溶液沉淀过程的低温溶剂,可以在比以前认为的低得多的温度下烧结各种无机材料和陶瓷基复合材料。冷陶工艺需要使用研钵和研杵将陶粉与粉体质量 10%的去离子水混合。通过手动液压压片机压片,给材料加压 80~570MPa。同时,通过给模具加热,控制温度在 120℃。将湿润的粉末在钢模具中单轴热压成致密粒料 (直径 12.7mm 和高度 1~5mm)。将模头预热至 120℃超过 1h。冷烧结后,将粒料置于 120℃的烘箱中 6h 以除去多余的水。

然而,这里选用的结构为核壳结构,材料的结合有结构要求,故不能直接使用冷陶工艺,技术需要进行进一步改进。因为本课题中需要包含纳米粉末复合熔融盐相变材料,故需要将复合的相变材料包裹在配置好的陶泥中再进行冷烧处理。在制作过程中对温度和压力的需求需要掌控好。

3.2.3 制作复合材料

首先,将陶粉与质量为粉体质量 23%的去离子水混合,在研钵中研磨成泥状。然后,取出陶泥,将复合了纳米氧化硅颗粒的熔融盐包裹在陶泥中。之后,在电炉上使温度均匀加热至 100~140℃,保持 30min。目的在于使外壳中的水分除去,还可以使球体体积缩小,便于放入模具中。接着,将球体复合材料放入半球形空心铁模具内, 给材料两边加上定向机械压力, 将两半球模具压实。为了在之后的加热中材料受热均匀, 将球体模具套入铁丝网, 再在炉中均匀加热至 200℃, 保温时间 40min。在加热中, 球体陶瓷外壳会发生体积膨胀, 模具能很好地将材料压紧、压实。最后, 取出陶瓷球, 将陶瓷球脱模后放在干燥箱中 120℃保温 24h 以去除多余的蒸馏水。

由于球体直径越大, 放热降温越快, 储热材料的利用率越低, 故实验制作直径为 2cm 左右的陶瓷球 (图 3.3)。

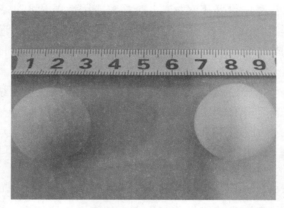

图 3.3   直径为 2cm 左右的陶瓷球

为了确定实验中使用的陶泥和多元熔融盐的组成配比, 第一次选用熔融盐和陶泥质量比例为 0.25, 即 2g 熔融盐、8g 陶泥, 结果熔融盐的成分太少, 难以体现熔融盐相变材料的储热性能; 第二次选用熔融盐和陶泥质量比为 0.375, 即 3g 熔融盐、8g 陶泥, 熔融盐质量比例又过多, 导致陶瓷外壳无法完全包裹好纳米熔融盐, 产生裂痕, 熔融盐流出, 或在后期的加热过程中球体容易产生炸裂; 最终, 选定熔融盐和陶泥质量比为 0.33, 即 3g 熔融盐、9g 陶泥。

实验需要分三组进行, 首先要准备三种储热球。

第一组实验选用 12g 陶泥, 初步制作 45 个实体陶瓷球样品。

第二组实验选用 9g 陶泥, 3g 三元熔融盐 (不含氧化硅纳米颗粒), 通过模具将熔融盐包裹入陶泥中, 初步制作成球体, 制作 45 个实验样品。

第三组实验选用 9g 陶泥, 3g 制备的纳米氧化硅复合熔融盐粉末, 通过模具将复合熔融盐包裹入陶泥中, 初步制作成球体, 制作 45 个实验样品。

分别将三组球体材料用加热器均匀加热, 保持温度在 120℃ 30min。接着, 将陶瓷球压入半球形模具内, 压紧, 套入铁丝网。均匀将球体材料加热至 200℃, 保温 40min。40min 后取出, 脱模, 干燥 6h。

3.3 实验和结果分析

实验分为三组对照的降温实验。第一组为普通陶瓷球,第二组为陶瓷包裹普通三元盐 (不含氧化硅纳米颗粒),第三组为陶瓷包裹氧化硅熔融盐纳米流体。通过三组实验的对比分析各自的储热性能和传热能力。这里重点关注储热球储好热之后的放热性能,所以主要进行放热实验的测量。

3.3.1 实验测量

采用加热炉和温度控制器将三组制备好的球体材料均匀加热到一定温度,取出,迅速放入保温容器中 (图 3.4),测量温度的变化。

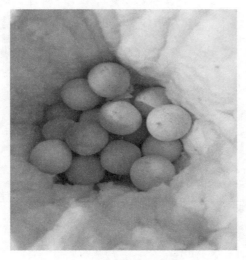

图 3.4 放入保温罐的复合储热球

实验用的保温罐,外直径为 29.5cm,外高为 30cm,厚度为 3cm,内直径为 23.5cm,内高为 24.5cm,四周和底部包裹硅酸铝纤维保温材料,确保周围和底部损失热量较少,仅顶部空气对流传热。将陶瓷球堆叠放入罐中,热量将垂直传递,与空气层对流传热,最后再将热量传给顶部不锈钢外壳。最高的陶瓷球距离罐顶 3.5cm,空气对流传热。罐顶留有小孔,放入四根热电偶测温计测量导线,测量的温度记为 $T1, T2, T3, T4$,其中 $T1, T3$ 测量的是对流的空气温度,复合熔融盐陶瓷材料的 $T1$ 和 $T3$ 的测量导线深入长度长短不一,对比测出不同空气层温度的变化情况。普通陶瓷球和普通熔融盐陶瓷球实验测空气的导线深入长度一致,用于对照混合纳米熔融盐陶瓷球实验组,观察不同空气层对流传热情况。$T2$ 导线插入堆叠的陶瓷球中,测量的是陶瓷球放热的温度,$T4$ 导线测量的是保温箱顶部外壳的温度。

箱顶厚度为 3cm。测量记录数据, 直至温度波动趋于平缓。

3.3.2   结果与分析

给装有 45 个普通陶瓷球的容器加热到 320℃, 开始测试直至温度波动趋于平缓。根据所得数据画出曲线 (图 3.5), 选取光滑段画出趋势线, 降温曲线公式为 $y = 186.02\mathrm{e}^{-0.116x}$。四条曲线变化平缓, 说明陶瓷球放热平缓, 能稳定放热。图中, 两条测空气对流温度的导线高度相同, 测同一空气层 $T1$ 和 $T3$ 曲线基本重合, 放热能力稳定。不锈钢外壳刚开始温度为室温, 通过和空气对流传热温度升高, 随着对流空气的温度降低, 外壳温度也稳定降低。四条曲线降温变化趋向相似。

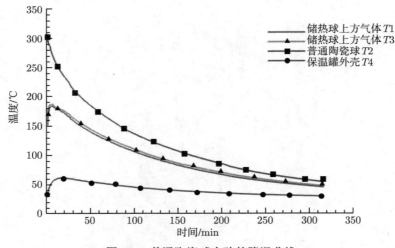

图 3.5   普通陶瓷球实验的降温曲线

给装有 45 个普通熔融盐陶瓷球的容器加热到 275℃, 开始测试直至温度波动趋于平缓。根据所得数据画出曲线图 3.6, 选取光滑段画出趋势线, 普通熔融盐陶瓷球的降温曲线公式为 $y = 184.27\mathrm{e}^{-0.09x}$。图中, 两条测空气对流温度的导线高度相同, 测同一空气层 $T1$ 和 $T3$ 曲线基本重合。空气对流实现传热, 空气以很快的速度加热到 180℃, 材料传热能力强, 再给不锈钢外壳传热。外壳也在极短的时间内被加热至 80℃左右, 传热效果好。四条曲线均很光滑, 说明传热稳定。

给装有 45 个混合纳米熔融盐陶瓷球的容器加热到 430℃, 开始测试直至温度波动趋于平缓。根据所得数据画出曲线 (图 3.7), 选取光滑度好的一段画出趋势线, 降温曲线公式为 $y = 188.57\mathrm{e}^{-0.095x}$。降温稳定, 说明该材料能稳定放热, 对空气传热很快, 传热能力强。并且, 图中两条测空气对流温度 $T1$, $T3$ 的导线高度不同, $T3$ 长出 7mm 左右, 用来测量不同的空气层的温度, 帮助后面的研究分析。测得曲线

$T3$ 初始温度更高 (更靠近热源), 开始时曲线 $T3$ 在 $T1$ 曲线之上, 随着时间变化到 $T1$ 曲线趋近和 $T3$ 几乎一致, 对比以上两组深入长度一样的实验组, 它们测出的初始温度基本一致, 曲线变化也几乎重合, 说明不同的空气层对流的温度变化不同。外壳在极短的时间内被加热至 76℃ 左右, 传热效果好。四条曲线均很光滑, 说明传热稳定。

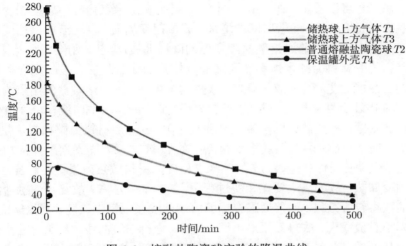

图 3.6　熔融盐陶瓷球实验的降温曲线

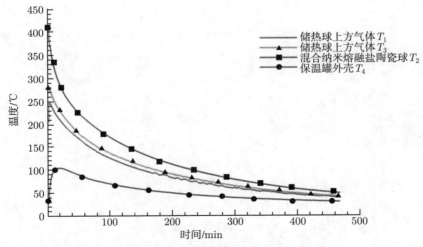

图 3.7　混合纳米熔融盐陶瓷球实验的降温曲线

以上三幅图表明三种材料放热都较为平缓, 对空气的对流传热情况良好, 对比分析，混合纳米熔融盐陶瓷球的传热速度更快，并且在同一时间相同热源，混合纳米熔融盐陶瓷球升温更快，吸热更快。保温罐外壳的温度刚开始为室温，空气流体通过对流将热量传给不锈钢外壳，外壳能得到稳定的升温，因此可以在图中看出，刚开始外壳温度上升至 105℃左右 (图 3.7)；之后温度下降的趋势基本与空气对流传热相同；$T1$ 温度从 248℃左右开始下降，$T3$ 温度从 283℃左右开始下降。

　　分别选取三组数据平滑曲线的一段 (200℃开始) 放到一个图里进行对比分析。

　　根据图 3.8 可以看出，在 120℃之前，熔融盐和纳米氧化硅熔融盐相变材料处于液相状态，液相放热，随着时间的增加，放热程度加强，也逐渐放出相变时储存的热量。在这个过程中普通熔融盐陶瓷球的降温曲线比混合纳米熔融盐陶瓷球的趋势更陡，相变材料为纳米熔融盐的陶瓷球放热曲线更平缓，说明复合了熔融盐陶瓷球的放热能力更稳定，放热更多，放热效果更好。三元熔融盐的熔点为 142℃，加入纳米氧化硅后复合相变材料的熔点有所降低，根据图中曲线，在 120℃之后，由于熔融盐凝固，相变储存的热量完全释放，在 120℃后材料为固相放热状态。由图中可见，在 120℃时两条曲线得到交点；在 120℃之后，固态熔融盐的放热趋势更加稳定。这说明固体状态时，未加纳米氧化硅的材料放热效果更好。因为这里实现的是相变储热，故放热主要在相变过程中，在 140℃左右，故复合熔融盐陶瓷核壳结构能取得较好效果。而普通陶瓷球的放热曲线在三组中最陡，变化最快，各个点的斜率绝对值最大，放热效果最不好。另外，分析三组曲线，发现熔融盐或复合熔融盐为核心的球体温度均高于实心陶瓷球的温度，说明相变材料为核心的球体储热能力更强。在相变时加了纳米颗粒的熔融盐为核心的球体温度高于未加纳米颗

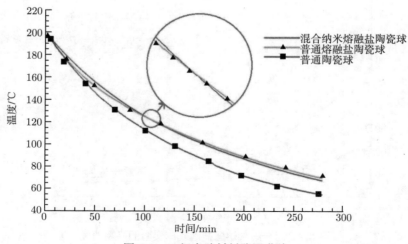

图 3.8　三组实验材料降温曲线

粒的,说明前者在相变时储热稍强,但是也并未实现资料中所说的远远强于后者。这可能是与纳米颗粒加入的量有关。在实验过程中,普通陶瓷球、普通熔融盐陶瓷球、混合纳米熔融盐陶瓷球在高温下均不发生分解,故热稳定性较好。

为了更清楚曲线的变化状态,图 3.10 是根据图 3.9 作出的切线斜率图。

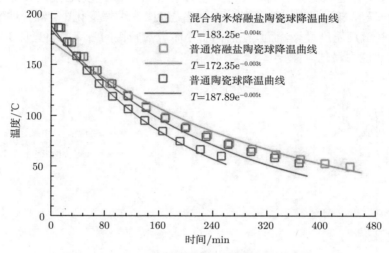

图 3.9 三组实验数据降温曲线及趋势曲线

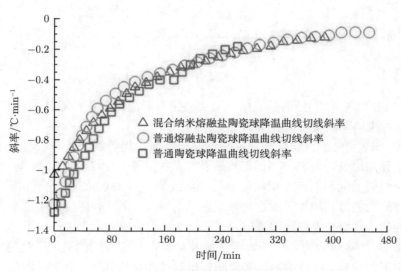

图 3.10 三组降温曲线斜率分布图

实验的材料温度刚开始均高于它们上方的温度层,将热传导给它接触的空气。

之后，高温空气因为密度小向上运动，离材料远的低温空气因为密度大往下沉，形成了宏观的流体运动，实现了热对流传导。

分别将三组实验空气对流传热曲线 $T3$ 截取光滑一段，放在一张图里进行比较分析。通过图 3.11 可以看出，空气对流传导非常迅速，空气的升温非常快。经过三组实验比较，普通陶瓷球空气对流传热能力最差，混合纳米熔融盐陶瓷球空气对流传热能力最好，普通熔融盐陶瓷球则在两者之间。在曲线变化中，混合纳米熔融盐陶瓷球的空气层温度最高，而且在前两个小时放热较快的时间内一直位于，说明该材料的导热能力最佳。

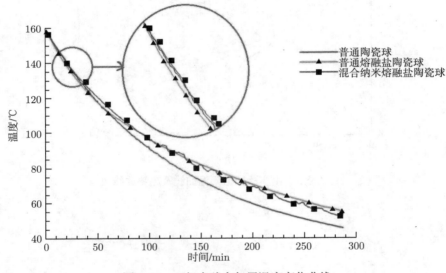

图 3.11　三组实验空气层温度变化曲线

图 3.12 和图 3.13 分别是根据三组实验空气对流图作出的趋势曲线和切线斜率图。由切线斜率图可看出各条曲线变化趋势。

由图 3.12 可知，普通陶瓷球的空气层温度变化趋势线为 $T = 147.46e^{-0.004t}$，球核为三元熔融盐的材料空气层温度变化趋势线为 $T = 132.31e^{-0.03t}$，球核为加了混合纳米熔融盐的材料空气层温度变化趋势线为 $T = 139.96e^{-0.003t}$。由图可看出，球核为熔融盐的球体和加了混合纳米熔融盐的球体，空气对换热程度基本一致，趋势线也相似，但均高于普通陶瓷球。

由图 3.13 可以看出，刚开始普通熔融盐陶瓷球空气层的温度变化趋势最大，然后是普通陶瓷球，混合纳米熔融盐陶瓷球温度变化最稳定。但根据图像发现，差别不是很大，最后趋势也相对缓和。

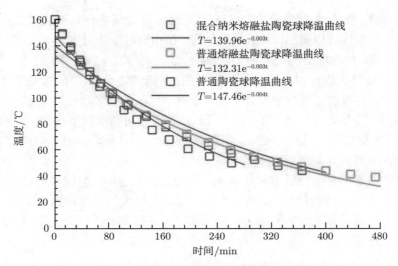

图 3.12　三组实验空气层降温曲线及趋势曲线

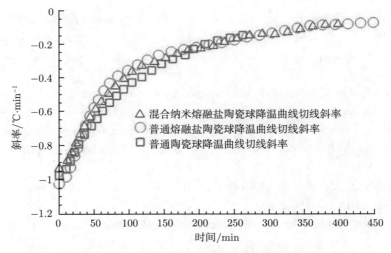

图 3.13　三组实验空气层温度切线斜率图

3.4　本章小结

纳米颗粒具有良好的热学和光学性能。将纳米颗粒用于相变储热领域，制成复合相变储热材料，可以延长相变材料的使用寿命，使相变材料的性能得到提高、改善。同时，拓宽了相变材料工作的温度范围。

本章介绍了设计的一种新型的储热球材料，它以纳米氧化硅复合三元希斯特熔融盐为球核,陶瓷结构为球壳。该材料比熔融盐陶瓷储热球和陶瓷实心球吸热更快,通过实验对比可以得出,其放热效果好,在相变时放热更多,与熔融盐储热能力相当,当然,储热能力的增强和纳米颗粒放入量有关。

该复合材料制作过程中熔融盐和陶瓷的比例要掌握好,否则陶瓷壳无法完全包裹熔融盐。材料在正式实验前需要预先加热,以除去过多水分。在实验加热过程中不能骤热,需要均匀升温,温度也不能过高,否则材料受热不均匀,将影响其性能。纳米颗粒的加入也有量的要求。综上所述,此材料和结构具有较难的工艺要求,需要改进并寻找能够机械化生产的方式。

本次的复合纳米氧化硅熔融盐纳米流体陶瓷核壳结构具有较好的传热性能、相变储热能力以及较好的比热容,能在 0～450℃甚至更大的温度范围内工作,这些特点达到了方便储热的要求。通过实测的检验,其工艺需要进一步改良,以适于批量生产和工程应用。

参 考 文 献

[1] 吴鸣, 梁国强. 储热技术在太阳能工程领域的应用研究. 节能与环保, 2016, (11): 60-62.

[2] Huang B K, Jr Abrams C F, Coats L L, et al. Development of greenhouse bulk drying systems for solar energy utilization and plantbed mechanization. AHARE Paper, 1975: 75-1018.

[3] Kern M, Aldrich R A. Phase change energy storage in a greenhouse solar heating system. Paper-American Society of Agricultural Engineers (USA), 1979.

[4] Sharma A, Tyagi V V, Chen C R, et al. Review on thermal energy storage with phase change materials and applications. Renewable and Sustainable Energy Reviews, 2009, 13(2): 318-345.

[5] Sarbu I, Sebarchievici C. Review of solar refrigeration and cooling systems. Energy and Buildings, 2013, 67: 286-297.

[6] Kenisarin M, Mahkamov K. Solar energy storage using phase change materials. Renewable and Sustainable Energy Reviews, 2007, 11(9): 1913-1965.

[7] 叶锋, 曲江兰, 仲俊瑜, 等. 相变储热材料研究进展. 过程工程学报, 2010,10 (6): 1231-1241.

[8] 闫全英, 孙相宇, 王立娟, 等. 三元碳酸盐混合物的制备及热物性研究. 化工新型材料, 2017, 45(9): 190-192.

[9] 文龙. 硝酸熔融盐储能传热材料的研究与进展. 广州化工, 2017, 45(6): 22-23.

[10] 王霞, 王利恩. 熔融盐储热技术在新能源行业中的应用进展. 电气制造, 2013 (10): 74-78.

[11] 张海峰, 葛新石, 叶宏. 相变胶囊的蓄放热特性分析. 太阳能学报, 2005, 26(6): 825-830.

[12] 方玉堂, 匡胜严. 纳米胶囊相变材料的研究进展. 材料导报, 2006, 20(12): 42-45.

[13] Huang B K, Toksoy M. Design and analysis of greenhouse solar systems in Agricultural production. Energy in Agriculture, 1983, 2: 115-136.

[14] Alkilani M M, Sopian K, Alghoul M A, et al. Review of solar air collectors with thermal storage units. Renewable and Sustainable Energy Reviews, 2011, 15(3): 1476-1490.

[15] Abhat A, Heine D, Heinisch M, et al. Development of a modular heat exchanger with an integrated latent heat storage. Bonn: Ger Minist Sci Technol, 1981.

[16] Sodha M S, Sawhney R L, Buddhi D. Use of evaporatively cooled underground water storage for convective cooling of buildings: An analytical study. Energy Conversion and Management, 1994, 35(8): 683-688.

[17] 李永亮, 金翼, 黄云, 等. 储热技术基础（Ⅰ）—— 储热的基本原理及研究新动向. 储能科学与技术, 2013, 2(1): 69-72.

[18] Kumaresan G, Sridhar R, Velraj R. Performance studies of a solar parabolic trough collector with a thermal energy storage system. Energy, 2012, 47(1): 395-402.

[19] Sharma A, Tyagi V V, Chen C R, et al. Review on thermal energy storage with phase change materials and applications. Renewable and Sustainable Energy Reviews, 2009, 13(2): 318-345.

[20] Abhat A. Low temperature latent Heat thermal energy storage: Heat storage materials. Solar Energy, 1983, 30(4): 313-332.

[21] Lane G A. Solar heat storage: Latent heat materials. Boca Raton, Florida: CRC, 1983.

[22] Lane G A. Solar heat storage: Latent heat materials (Vol. 2). Boca Raton, Florida: CRC, 1986.

[23] Lane G A, Warner G L, Hartwick P B, et al. Macro-encapsulation of PCM [Report no. ORO/5117-8]. Midland, Michigan: Dow Chemical Company, 1978: 152.

[24] Dincer I, Rosen M A. Thermal Energy Storage, Systems and Applications. England: John Wiley& Sons Chichester, 2002.

[25] Pandey A K, Hossain M S, Tyagi V V, et al. Novel approaches and recent developments on potential applications of phase change materials in solar energy. Renewable and Sustainable Energy Reviews, 2018, 82: 281-323.

[26] 李传常, 罗杰, 江杰云, 等. 基于矿物特性的太阳能储热材料研究进展. 中国材料进展, 2012, 31(9): 51-56.

[27] 张正国, 邵刚, 方晓明. 石蜡/膨胀石墨复合相变储热材料的研究. 太阳能学报, 2005, (5): 698-702.

[28] 宋宇宽, 王俊勃, 徐洁, 等. 太阳能热发电中熔融盐储热材料研究进展. 轻工标准与质量, 2015, (2): 59-60.

[29] 王淑萍. 膨胀石墨基复合中温相变储热材料的制备及性能研究. 广州: 华南理工大学, 2014.

[30] 李传常. 矿物基复合储热材料的制备与性能调控. 长沙: 中南大学, 2013.

[31] 魏高升, 邢丽婧, 杜小泽, 等. 太阳能热发电系统相变储热材料选择及研发现状. 中国电机工程学报, 2014, 34(3): 325-335.

[32] 崔海亭, 彭培英, 蒋静智. 铝硅合金相变储热材料及储热换热器现状与展望. 材料导报, 2014, 28(23): 72-75.

[33] 方斌正. 煅烧铝矾土合成堇青石及其在太阳能储热材料中的应用研究. 武汉: 武汉理工大学, 2013.

[34] 袁慧雯, 陆春华, 许仲梓, 等. 新型水泥基储热材料抗压强度和热性质的研究. 硅酸盐通报, 2012, 02: 237-242.

[35] 王艳, 田斌守, 白凤武, 等. 中低温混凝土储热块传热特性研究. 太阳能学报, 2015, 36(8): 1990-1995.

[36] 周广磊. 应用于太阳能储热的炭素材料的研究. 兰州: 兰州理工大学, 2012.

[37] 程晓敏, 朱石磊, 向佳纬, 等. 利用 SiO_2 纳米颗粒增强硝酸盐储热材料比热容的实验研究. 储能科学与技术, 2016 (4): 492-497.

[38] 陈虎, 吴玉庭, 鹿院卫, 等. 熔盐纳米流体的研究进展. 储能科学与技术, 2018, 7(1): 48-55.

[39] Guo J, Guo H, Baker A L, et al. Cold sintering: A paradigm shift for processing and integration of ceramics. Angewandte Chemie International Edition, 2016, 55(38): 11457-11461.

第4章 太阳能吸热器表面涂层

太阳能光谱选择性吸收涂层的研究，主要集中在涂层的设计和所用涂层材料的选择和制备方面。其中，选择吸收性能良好、材料配备方便简单、环境条件要求不高且价格相对低廉的制备方法是有待实现的理想方案。太阳能光谱选择性吸收涂层用于集热管上，在许多场合下，涂层的表面比较容易受到外界环境的影响，比如划伤、磨损、剥落、脱皮、侵蚀、腐蚀、氧化等都会严重影响涂层本身的性能，因此，对涂层的保护以防止其失效是十分重要的。制备相应的保护涂层或者使选择性吸收涂层具有防开裂性能是能够解决这一问题的很好的选择。

4.1 太阳能光谱选择性吸收涂层

4.1.1 光谱选择性吸收涂层

光谱选择性吸收涂层应用于太阳能集热器的吸热体上，利用太阳辐射的波长范围 (主要集中在 $0.3 \sim 2.5 \mu m$) 与热辐射的波长范围 (主要集中在 $2.5 \sim 30 \mu m$) 不相同这一特性，可以在有效地增强吸热体吸收太阳辐射的同时，减少吸热体向环境的热辐射损失。

光谱选择性吸收涂层的基本原理以材料的光谱选择性辐射特性作为依据。当原子获得或失去能量时，电子就在不同的能量级之间跃迁，从而吸收或者辐射出光子。不同能级之间的能量对应不同波长的光，这对于一个原子来说，就只能吸收或者发射一种特定光子，这就导致了物体的光谱选择性吸收和辐射。

太阳的辐射可近似地认为是 $6000K$ 的黑体辐射，其能量主要集中在 $0.20 \sim 3.00 \mu m$ 的波长范围内，而实际物体的能量则主要集中在 $5 \sim 50 \mu m$ 的波长范围内。因此，根据基尔霍夫定律可知，由于两者的波长范围存在明显的不同，所以可能得到太阳吸收率高而发射率低的表面，即选择性吸收表面。

太阳辐射与物体辐射没有太多重叠的光谱区域，满足选择性吸收表面的要求。理想选择性吸收涂层的概念是通过研究单色反射率来说明的，这种理想的表面称为半灰表面。这种半灰表面在太阳光谱范围内具有很高的吸收率，而在其温度对应的光谱范围内有很低的发射率，从而可以尽可能多地吸收太阳辐射、减少向外界的辐射，进而极大程度地提高太阳能的利用率。理想的太阳光谱选择性吸收涂层在近红外光谱区的反射率为零，在远红外光谱区的反射率为1，即太阳能在近红外光谱区辐射的能量可以被光谱选择性涂层完全吸收。

4.1.2　涂层分类

随着越来越多的科研人员投身于太阳光谱选择性涂层的研究,涂层的种类越来越多,结构越来越多样,可选取的材料越来越丰富,根据各种光谱选择性吸收涂层的结构和工作原理的不同,一般可以分为以下六种。

(1) 本征选择性吸收涂层:也称本体吸收材料,主要由一些本身固有良好光谱选择性的材料和衬底组成。

(2) 半导体 – 金属层结构涂层:主要是由一些具有合适禁带宽度的半导体材料和过渡金属组成。

(3) 多层吸收结构涂层:又称多层干涉叠层,利用光的干涉效应,具有较高的吸收率和较低的发射率,以及在中低温应用领域有比较好的热稳定性,是一种比较理想的光谱选择性涂层结构。

(4) 金属 – 介质复合结构涂层:这类涂层多为在高红外反射的基材中掺入过渡金属微粒的金属陶瓷的复合材料构成的,它具有高吸收率、低反射率和优良的热稳定性能,但缺点是制备过程比较复杂,条件比较严苛。

(5) 微凹凸表面结构涂层:是利用粗糙表面对不同波长的光谱具有不同的反射效应设计的,采用表面处理工艺,控制涂层表面的形貌与结构。

(6) 光谱选择性透过涂层/黑色基面组合结构涂层:在黑色基面上覆盖光谱选择性透过涂层,光谱选择性透过涂层对可见光的透过率很高,大部分太阳光选择性透过涂层后被黑色基面吸收。

4.1.3　涂层制备方法

太阳光谱选择性吸收涂层可以用多种方法来制备,除了所选择的材料,不同的制备方法也会对选择性吸收涂层的性能产生影响。

(1) 涂料喷涂法:一般采用压缩空气喷涂法,其大致由涂料、黏结剂、基材等三个主要部分组成。通常选择铜板、铝板、铁板等作为基体材料,硫化铅、氧化钴、氧化铁、铁锰铜氧化物等为涂料,这类涂层制备简单,制作成本低廉,而且可以大面积地喷涂,受基材形状等因素的影响较少,但是,这种方法所制备的涂层稳定性较差,与基底的附着力差,容易剥落,因此使用寿命较短。

(2) 电镀涂层法:最早制作的黑镍涂层由电镀法制得。电镀法制得的涂层热稳定性、耐腐蚀能力都较好,但是由于电镀过程中会产生大量热量,需要配套高效的冷却装置,从而大大增加了制作成本。

(3) 电化学转化法:常用的电化学涂层有铝阳极氧化涂层,CuO 转化涂层和钢的阳极氧化涂层等。运用该方法制备的涂层,可用作高温吸热材料,因其具有优良的耐热性。另外，这种涂层也有良好耐腐蚀和吸光性。但是这种涂层工艺过程相对复杂，制备时间也相对持续较长。

(4) 化学气相沉积法：一种应用广泛的化学镀膜方法。这种方法可以选择的材料范围广泛，而且可以大面积沉积，但是沉积时常常会用到有毒的化学药品，可能对人体和环境造成危害。

(5) 等离子喷涂法：一种精密的喷涂方法，类似于火焰喷涂，喷涂速度比较快，但是需要选用耐高温的基体材料，而且喷涂形成的涂层表面比较粗糙，不太平整。

(6) 真空蒸发方法：物理镀膜方法，设备简单、操作容易，但是成膜不易结晶，与基材附着力不强，容易脱落。

(7) 磁控溅射方法：利用等离子体制备薄膜材料的制备技术，其主要原理是利用等离子体中的阳离子来轰击靶材的表面，把靶材中的粒子轰击出来，粒子沉积在衬底上以制成薄膜，缺点是制备条件要求高且成本较高。

由于太阳能光谱选择性吸收涂层在中高温应用领域缺口比较大，近年来，为寻找适合在中高温环境条件下使用的太阳能光谱选择性吸收涂层，国内外大量的科研人员都着力于研究金属陶瓷双层干涉吸收涂层，这类涂层主要选择 Al_2O_3 为介质基体材料。例如，比较有代表性的有：Amri 等 [1] 研究开发的 Mo-Al_2O_3 涂层，其光学性能在真空中 $450 \sim 500℃$ 的工作温度下稳定，这种涂层被用作 Luz 公司热发电用聚光式真空集热管的选择性吸收表面，并于 20 世纪 80 年代末开始批量生产，但是它的制备采用射频溅射技术，相对本就不简单的直流溅射技术而言，其设备更加复杂，生产效率也相对较低，这些缺点就给大规模的推广和应用带来了不小的麻烦；Zhang 等以 AlN，Al_2O_3 为介质材料，相继研究了 Mo-AlN、Mo-Al_2O_3、Al-AlN、SS(不锈钢)-AlN、W-AlN 和 W-$AlON$ 等一系列吸收膜体系。近几年来，Farooq 等 [2,3] 对 Ni-SiO_2 涂层、Teixeira 等 [4,5] 对 Cr-Cr_2O_3-CrO_3 涂层、Nunes 等 [6,7] 对 Ti-TiN_xO_y 涂层、Kadirgan 等 [8] 对 Ni-Al_2O_3 涂层以及 Schüler 等 [9,10] 对 Ti-α-C：H 涂层等选择性吸收涂层进行了研究。

4.2　太阳能柔性复合涂层

针对塔式太阳能需要较好耐温性能和耐候性的特点，希望使选择性吸收涂层与柔性硬质涂层相结合，利用相对简单的方法、相对低廉的成本，使光谱选择性吸收涂层能够满足塔式太阳能集热器性能的要求。

4.2.1　固相法制备 $CuAlO_2$ 粉末

开展氧化铜 (CuO) 与 $CuAlO_2$ 相结合的复合涂层的研究，开发低成本、高性能的太阳光谱选择性吸收涂层，以适应塔式太阳能集热器的热利用需求。本章采用

固相法制备 $CuAlO_2$。固相法是一种传统的制粉工艺，按照其加工的工艺特点又可分为机械粉碎法和固相反应法两类，这里采用的是固相法里的固相反应法。固态反应物粒子的接触和扩散，使固态产物晶核得以形成并不断生长。

固相法的反应颗粒比表面越大，反应截面越大，反应和扩散能力越好。

实验的初始原料是氧化铜粉末和氧化铝粉末，其中氧化铜粉末和氧化铝粉末都为粒径为 30nm 的纳米级粉体。原料种类见表 4.1，原料图见图 4.1、图 4.2。

表 4.1　原料的种类

原料	平均粒径/nm	纯度/%	比表面积/(m²/g)	晶型	颜色	产地
氧化铜粉末	30	99.9	120	球形	黑色	天津科联金属材料有限公司
氧化铝粉末	30	99.9	100	α 相	白色	天津科联金属材料有限公司

图 4.1　氧化铜粉末

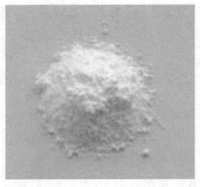

图 4.2　氧化铝粉末

实验中用到电炉、研磨机和电子秤。制备过程如下：

(1) 电子秤称取铜原子和铝原子物质的量比为 1:2 的氧化铜粉末和氧化铝粉末，实际实验中取氧化铜粉末 8g，氧化铝粉末 10.2g，混合备用，混合后的粉末呈灰黑色，如图 4.3 所示。

图 4.3　氧化铜和氧化铝混合粉末

(2) 将混合后的粉末倒入研磨机研磨 5min，使其充分混合，静置待粉末沉降后取出。

(3) 放在电炉上，加热至 700℃，煅烧 4h(图 4.4)，自然冷却至室温。

图 4.4　煅烧实验中

(4) 这时可看到灰黑色粉末已经烧结变为暗红色 (图 4.5)，再次放入研磨机，研磨、静置后取出，即得到粉状 $CuAl_2O_4$。

图 4.5　煅烧得到暗红色块状固体

实验烧制过程中出现比最终产物颜色稍浅的固体，显微镜下观察如图 4.6 所示，经分析，认为是中间产物。

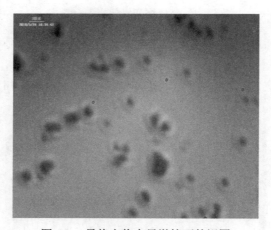

图 4.6　最终产物在显微镜下的视图

4.2.2　制备 $CuO\text{-}CuAl_2O_4$ 涂层

在很多情况下，材料表面很容易划伤、氧化、腐蚀和污染，因此需要制备保护涂层来防止或减轻这些情况的发生。柔性硬质涂层在制备过程中需要具有抗裂性能，以保证柔性基材在弯曲的时候不会产生裂纹，而这正是柔性硬质薄膜所需要的性能。

研究发现，很多涂层体系都具有良好的抗开裂性能，其中，包括 Al-Cu-O 体系。Al-Cu-O 体系中涂层的抗开裂性能是由 Cu/Al 的比值决定的,可以通过控制涂层中的元素成分进行调整,以控制其抗开裂性能。当 Cu/Al>1 时,涂层体系的 H/E^*<0.1,弹性恢复系数 W_e < 60%,表现出脆性,弯曲过程中易开裂;相反,当 Al-Cu-O 涂层体系中 Cu/Al<1 时,$H/E^* \geqslant 0.1$,W_e < 60%,表现出较好的抗开裂性能。因此,以 $CuAl_2O_4$ 为成分的涂层体系具有良好的抗开裂性能。

$CuAl_2O_4$ 属于化合物半导体类材料,具有半导体性质。纯薄层金属氧化物或硫化物,具有很高的太阳辐射吸收比和长波辐射透射比。$CuAl_2O_4$ 也可得到类似的选择性辐射性能。

因此,$CuAl_2O_4$ 的加入不会影响原有涂层材料的光谱选择透过性能,而且它的柔性保护性能可以有效地提高涂层的耐候性,从理论上来说,$CuO-CuAl_2O_4$ 涂层的研制是完全可行的。

市面上的太阳光谱选择性吸收涂层种类丰富、品种繁多,其中氧化铜选择性吸收涂层应用广泛。光洁的金属表面的发射率都很低,如果在光洁的金属表面涂上一层吸收太阳辐射能力很强而对长波热辐射透射比又很高的涂层,就可以达到发射率很低的效果。氧化铜具有很高的太阳辐射吸收比和长波辐射透射比,因此,选择304 不锈钢作为基体材料,选用氧化铜作为涂层材料。

氧化铜涂层的制备,大多使用化学电镀法、电化学沉积法、磁控溅射等方法。这些方法虽然效果不错,但是工艺操作复杂、设备昂贵、成本较高,其中,化学电镀法会产生大量废热;电化学沉积法可能使用或产生有毒物质,对人体及环境危害较大;而磁控溅射的方法需要真空高压的制备环境。这些因素使得涂层并不适合大规模生产使用。为解决以上问题,本章将采用涂料法制备 $CuO-CuAl_2O_4$ 涂层。

主要实验材料如表 4.2 所示。

表 4.2 主要实验材料

名称	规格	生产厂家
氧化铜	纳米级	天津科联金属材料有限公司
$CuAl_2O_4$ 粉末	纳米级	自制
表面活性剂	工业级	美国 3M
成膜助剂	工业级	美国伊士曼公司
分散剂	工业级	美国陶氏罗门哈斯公司
环保溶剂	工业级	美国陶氏罗门哈斯公司
有机硅树脂	工业级	湖北新四海化工股份有限公司

表面活性剂为高性能氟碳表面活性剂 (图 4.7),为黄色黏稠液体,可以改善颜料的分散稳定性,提高涂层的耐候性能。

图 4.7 表面活性剂

　　成膜助剂 (图 4.8) 通常是一种挥发非常缓慢的溶剂，能够与胶体聚合物颗粒结合，使之软化，降低干燥过程时所需的最高温度，从而产生更好的薄膜，避免绝大部分胶体聚合物无法形成薄膜的问题。

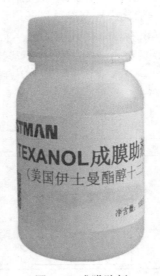

图 4.8 成膜助剂

　　分散剂 (图 4.9) 是一种在分子内同时具有亲油性和亲水性两种相反性质的界面活性剂，可防止颗粒的沉降和凝聚。实验所用分散剂为无色至淡黄色透明液体。

图 4.9 分散剂

所用环保溶剂的主要成分为二丙二醇甲醚 (DPM)，是一种无色、低毒液体，具有温和香味，它与水完全混溶，能与大量有机溶剂混溶，并对许多物质有良好的溶解性。

实验所用有机树脂为环氧改性有机硅树脂 (图 4.10)，是一种淡黄色至无色透明液体，可常温双组分完全固化，本实验中用作涂层黏结剂。

图 4.10 环氧改性有机硅树脂

主要仪器为研磨机和电子秤，实验步骤详细如下。

1) 预先处理基片

(1) 选取大小、薄厚基本相同的不锈钢基片 (选取 304 不锈钢)7 片，用砂纸打磨以初步去除表面锈迹及不平整。

(2) 配制除油液，放入 (1) 中打磨好的基片浸泡 30min，即可溶解、清除基片表面油污。

除油液为 40g/L Na_3PO_4，40g/L Na_2CO_3，25g/L NaOH 的混合溶液。

(3) 配制除锈液，将 (2) 中除油后的基片放入配制好的除锈液中浸泡 15min，可进一步去除基片表面的锈渍。

除锈液为 20% 的盐酸溶液。

(4) 配制抛光液，将 (3) 中处理后的基片放入抛光液中浸泡 30min，浸泡后，基片表面已被抛光，有利于之后涂层的涂覆，这种抛光的效果强于机械抛光。

抛光液为 200g/L $H_2C_2O_4 \cdot 2H_2O$，8g/L 乙醇，10g/L OP-10，15g/L 硫脲的混合溶液。

(5) 用清水冲洗基片表面的残留溶液。

(6) 用蒸馏水再次冲洗。

(7) 烘干后备用。

由于实验产品要求等级不高且实验选取的基片本身质量较高，表面光洁，基片表面几乎不存在油污、锈渍，且对后续实验几乎没有影响，因此实际操作中省去了这一步。

2) 配制涂料助剂

涂料助剂用量很少，使用剂量大概在 2%~5%。根据所购各种助剂的性能不同，所取剂量也不同，具体配方为：成膜助剂 0.3g，分散剂 0.4g，表面活性剂 0.1g。环保溶剂 1.1g，配置好后的涂料助剂共 1.9g 备用。

3) 配制黏结剂

有机硅树脂理论上需要用有机溶剂稀释后方可使用，但是所购的环氧改性有机硅树脂含 50% 的甲苯溶剂，因此这里不再稀释，直接使用。

4) 涂层的研制

(1) 按一定的比例，称取一定量的 CuO 粉末和 $CuAl_2O_4$ 粉末，放入研磨机中研磨 5min，使其充分混合，静置 5min 后取出。

(2) 量取一定剂量的黏结剂，加入 (1) 中称好的粉末中混合均匀，手动研磨一段时间，使其充分混合。

(3) 量取少量的涂料助剂，再次加入后研磨混合均匀，即制得所用涂料 (图 4.11)。

(4) 将制备的涂料均匀地涂覆在经过预处理的不锈钢基片上，常温固化。

图 4.11 涂料配制过程状态

4.3 性能和实验分析

4.3.1 不同配比的涂层

为分析制得的光谱选择性吸收涂层的性能，得到光谱选择吸收效果最佳的涂层的成分的配比，设置 7 种不同组分配比的涂料涂层进行对比，具体配比如下。

第一种：处理后的不锈钢基片，不涂覆任何涂料；

第二种：涂料中仅含有 $CuAl_2O_4$ 粉末，CuO 粉末含量为 0%。具体配方为：CuO 粉末 0g，$CuAl_2O_4$ 粉末 2g，涂料助剂 0.2g，黏结剂 1.5g，涂料制好后取 0.86g 在基片上制作涂层 (图 4.12)。

图 4.12 CuO 含量为 0%的涂层

第三种：涂料中含有 $CuAl_2O_4$ 粉末，CuO 粉末含量为 30%。具体配方为：CuO 粉末 1g，$CuAl_2O_4$ 粉末 2g，涂料助剂 0.2g，黏结剂 2g，涂料制好后取 0.86g 在基片上制作涂层。

第四种到第七种以此类推，CuO 粉末含量分别为 40%，50%，60%，70%。

图 4.13 为 CuO 粉末含量为 60% 的涂层。

图 4.13　CuO 粉末含量为 60% 的涂层

4.3.2　吸收率和发射率

吸收率和发射率是检测涂层性能的两个重要指标。选择性吸收涂层的吸收率为选择性吸收涂层接收到的能量与太阳光辐射的总能量之比。发射率为实际物体的辐射强度与黑体辐射强度的比值。

实验室测量吸收率的方法一般有两种：①光谱法，主要用分光光度计进行测量；②积分法，主要使用积分球进行测量。

实验测量的计算公式为

$$发射率 = 实测值/标准值$$

其中，实测值为红外线测温仪或是红外热像仪测得的温度；标准值为接触式测温仪测得的温度。

经过大量比对和测量实验，对第三组到第七组含氧化铜的组分进行分析比较测量，得出大概的吸收率与发射率的值，可分析不同氧化铜的含量对光谱选择性吸收涂层光学性能的影响。如表 4.3 所示。

表 4.3　氧化铜含量对涂层光学性能的影响

氧化铜含量	30%	40%	50%	60%	70%
吸收率 α	0.84	0.85	0.86	0.86	0.87
发射率 ε	0.40	0.38	0.36	0.33	0.34
吸收率/发射率	2.1	2.24	2.39	2.61	2.56

对以上数据进行分析, 作出曲线图, 可以得出制得的太阳光谱选择性吸收涂层中氧化铜含量对其吸收率和发射率影响程度的变化趋势, 如图 4.14 所示。

吸收率和发射率的比值的变化趋势如图 4.15 所示。

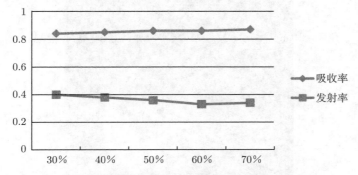

图 4.14　氧化铜含量对涂层吸收率、发射率的影响

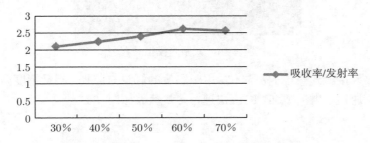

图 4.15　氧化铜含量对涂层吸收率/发射率的影响

由图 4.14、图 4.15 分析可得, 氧化铜的含量的确对所制涂层的吸收率和发射率有影响, 根据图 4.14 得, 当氧化铜含量增加时, 涂层吸收率随之增加, 发射率基本随之降低, 说明涂层的光学性能不断优化。从图 4.15 可以看到, 随着氧化铜含量的增加, 吸收率和发射率的比值不断提高, 但是当氧化铜含量在 30%～60% 时, 比值增加的速率要远高于氧化铜含量在 60%～70%。因此, 从涂层性能和经济适用效益方面考虑, 氧化铜含量最优的选取范围应该在 50%～60%。

4.3.3　吸热实验分析

考虑到太阳光的不稳定性, 需要找到一种稳定可控的光源来代替太阳光。

采用氙灯作为替代光源, 主要是由于氙灯具有以下特点: 灯内放电物质氙气的激发电位和电离电位相差较小; 氙灯辐射光谱能量分布与太阳光接近, 色温约为6000K; 氙灯的光效较低, 电位梯度较小; 氙灯光源系统分为点光源和平行光光源, 光功率连续可调, 可用于太阳光模拟实验 (图 4.16)。

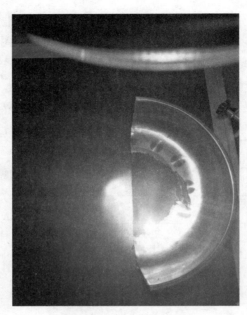

图 4.16　太阳光模拟装置

采用数显接触式热电偶测温仪，用于温度的测量与监控，测量精度为 0.1℃，具有四个测量通道，测量精准、响应快速，具体参数如图 4.17 所示。

测量范围	−200~1372℃
测量误差	>−100℃±1%的读数加1℃
	<−100℃±1%的读数加2℃
分辨率	0.1℃/1℃
最大值功能	√
最小值功能	√
平均值功能	√
温度单位转换	√
数据锁定	√
高清背光	√
自动关机	10min无操作关机
热电偶探头	4个
工作温度	0~40℃
产品尺寸	200mm*85mm*38mm
产品重量	145g
产品供电	9V电池
产品包装	彩盒+布包

图 4.17　数显接触式热电偶测温仪

实验设置：

实验共设置七组，第一组为光洁基体，其他各组为不同含量的氧化铜，实验中为测量各组涂层的升温和降温情况，每组测量点基本保持一致，对比各组温度测量情况，进而研究所制太阳光谱选择性吸收涂层的吸热性能。

(1) 搭建实验测量台，调整太阳光模拟灯的高度并保持高度不变；

(2) 调整热电偶放置位置，保持测量位置不变 (图 4.18)；

图 4.18　热电偶放置位置

(3) 设置对照组，取两组热电偶测温，一组进行遮光处理，一组不遮光；

(4) 打开氙灯，每 2s 测温一次；

(5) 当温度升至基本维持一个数值保持不变时，关闭光源，使其自然降温，每 2s 测温一次直至降至室温。

根据准备的涂层，实验分为七组，选取涂层相同位置的两处用热电偶测量温度，其中，$T1$ 为热电偶没有遮光时测得的温度；$T2$ 为热电偶进行了遮光处理测得的温度。

将七组实验的温度变化曲线汇总进行分析，图 4.19 为各组实验的 $T1$ 变化曲线，图 4.20 为各组实验的 $T2$ 变化曲线。

对以上七组实验数据统一进行对比分析，发现具有以下几个共同点：①$T1$ 的升降温速度均比 $T2$ 快，即经遮光处理后的升降温速度都将减慢；②当温度升高至一定值后，便保持在这一温度附近上下波动，由于在吸热或放热过程中有 $Q = Cm\Delta t(Q$ 为热量，C 为物体比热容，Δt 为温度差)，因此 $T1$ 的温度变化在吸热和放热的过程中都是由存在温度差而造成的，当其与周围环境不存在温度差时，其吸热和放热就达到动态平衡，因此温度便不再有较大变化，而仅仅是在一个微小的范围内波动，即满足热力学第一定律的平衡状态；③$T1$ 所能达到的最高温度比 $T2$ 高，即经遮光处理后所能达到的最高温度比不经遮光处理的低。

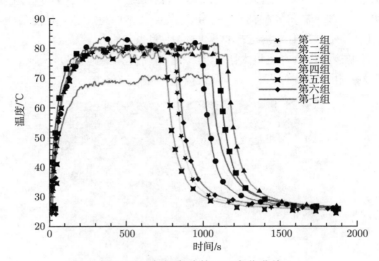

图 4.19　各组实验的 $T1$ 变化曲线

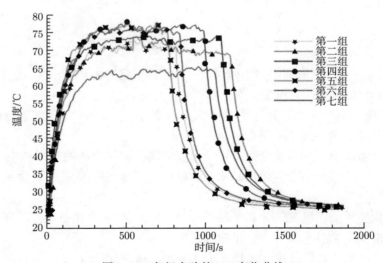

图 4.20　各组实验的 $T2$ 变化曲线

　　由于各组实验达到平衡温度所用时间不同，以及测量时维持平衡状态的时间也不同，因此下面截取部分数据再进行详细分析。

　　图 4.21 为每组实验的 $T1$ 从最初升至最高温度的曲线图，从图中可以明显看出每组实验所能达到的最高温度是不同的，此外更为突出的特点是各组实验升至其最高温度所用时间也不相同。分析 $T2$ 升温段的温度分布图也可以得到相同的结

论，如图 4.22 所示。

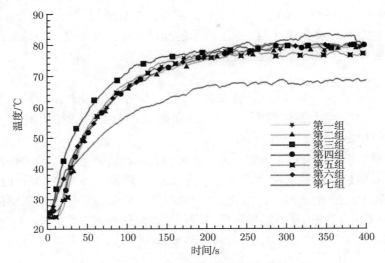

图 4.21 各组实验 $T1$ 升温段温度分布比较

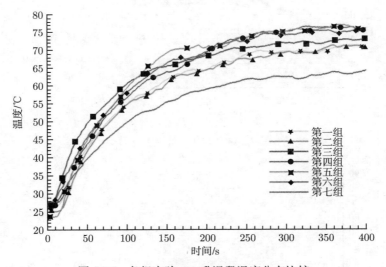

图 4.22 各组实验 $T2$ 升温段温度分布比较

各组实验升至最高温度所需时间不同，分析其原因，可得以下结论：

(1) 随着涂层中氧化铜的含量 (50% 以内) 逐渐增多，涂层升至最高温度所需的时间明显减少，说明氧化铜含量越高，涂层达到最高温度所用的时间越短，其吸热能力越强；

(2) 未经遮光处理的 $T1$ 所用时间比经遮光处理的 $T2$ 短，说明所制涂层有吸收光的能力；

(3) 第一、二两组实验相比，第一组达到最高温度所用时间比第二组长，说明 $CuAl_2O_4$ 的成分不会影响 CuO 涂层原本的光谱选择性吸收性能，甚至可以在一定程度上促使该性能增强，这亦验证了之前所述的 $CuO\text{-}CuAl_2O_4$ 涂层制备的可行性；

(4) 第二组实验同其他组相比，其涂层涂料中不含 CuO，$CuAl_2O_4$ 的含量与其他组相同，但其达到最高温度所用时间比其他组长，说明氧化铜的确可以提高涂层的吸热性能和光谱选择性吸收性能。

现以第七组数据为例，分别作出 $T1$ 升温及降温阶段的线性趋势线图，可得升温阶段线性趋势线的斜率为 0.6835 (图 4.23)，降温阶段线性趋势线的斜率为 -0.6684(图 4.24)。由此可见，$T1$ 在升温段和降温段线性趋势线的斜率的绝对值基本相等，换言之，$T1$ 在升温段和降温段的温度变化基本一致。

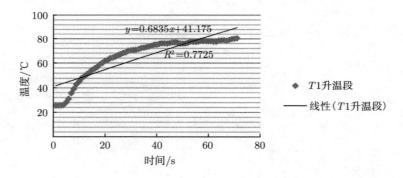

图 4.23　$T1$ 升温时温度分布

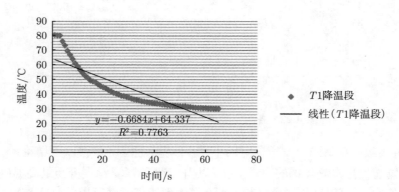

图 4.24　$T1$ 降温时温度分布

用同样的方式可以得到 $T2$ 在升温段及降温段的线性趋势线斜率分别为 0.6061

和 -0.5101，特点及规律都与 $T1$ 相似，但斜率的绝对值均小于 $T1$，说明未经遮光的吸放热速率更快。经分析，造成这种现象的原因主要有以下几点：①遮挡装置本身吸收热量，造成一部分热量损失；②部分光被遮挡物表面反射，两热电偶表面接收到的总热量不同；③遮挡物与涂层表面的材料不同、比热不同，导致吸收的热量也不同。

实验表明，随着 CuO 含量的不断增加，涂层吸收光能的速率也呈不断加快的趋势。但是，相比各涂层的吸热速率和吸光速率，不同含量的 CuO 对涂层吸热和吸光速率的影响程度是不同的，具体分析如下：

根据图 4.25 可以明显看出，随着 CuO 含量的增加，涂层吸收光能的速度要大于涂层吸热的速度，尤其当 CuO 的含量大于 40% 以后，这一趋势更为明显。当 CuO 含量在 50%～ 60% 之间变化时，吸收光能速率的增加最为明显。因此可以得知，CuO 可以加快表面吸收热量和吸收光能的速度，其中，加快吸收光能速率的效果更为明显。综上所述，所制得的涂层的光谱选择性吸收性能基本可以达到理论研究想要达到的效果。

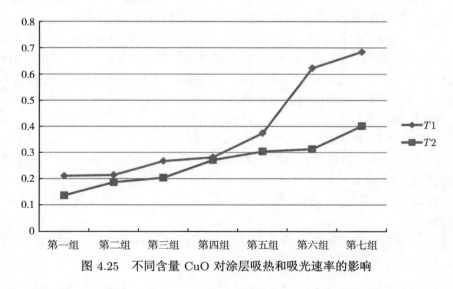

图 4.25   不同含量 CuO 对涂层吸热和吸光速率的影响

除了对吸收能量速率的影响，不同涂层对能量吸收的总量也有所不同。

选取各组实验涂层达到的最高温度列于表 4.4。

表 4.4   各组实验涂层达到的最高温度

温度	第一组	第二组	第三组	第四组	第五组	第六组	第七组
$T1/°C$	71.4	81.4	81.8	83.7	78.5	81.2	81.2
$T2/°C$	65.5	76.9	74.4	78.7	78.1	74	72.9

由表 4.4 可以看出，$T1$ 所能达到的最高温度要大于 $T2$ 所能达到的最高温度，两者最高温度的差也大体相同。

4.4　本章小结

本章创新地提出了 $CuO-CuAl_2O_4$ 光谱选择性吸收复合涂层，使传统的光谱选择性涂层有了柔性硬质保护涂层的柔性保护功能。实验采用固相法制备了 $CuAl_2O_4$，并将其作为涂料的成分之一，采用简单、方便、有价格优势的涂料法进行了涂层的制备。在涂层制备成功后，又通过实验研究其吸收率和发散率，分析吸热和放热效果来验证其性能。

在研究涂层吸收率和发射率时，得出以下结论：

(1) $CuAl_2O_4$ 不会影响 CuO 涂层的光学性能，在涂层中只含有 $CuAl_2O_4$ 涂料的表面的吸收率与发射率的比值也要比只是光洁表面的基材高，也就是说，$CuAl_2O_4$ 的存在也可以使表面具有一定的光谱选择性吸收性能；

(2) 涂层的发射率和吸收率受涂层中 CuO 的含量影响，含量越高，涂层的吸收率越高，发射率越低，即涂层的光谱选择性吸收性能越好；

(3) 当 CuO 的含量在 $50\% \sim 60\%$ 时，涂层的吸收率和发射率的比值增加速率越快，说明在这一范围内，随着 CuO 含量的增加，涂层的光学性能优化得更明显；

(4) 综合考虑性能因素和经济效率，认为涂层中 CuO 的含量控制在 $50\% \sim 60\%$ 效果最为合适，各方面性能最为理想。

在研究涂层吸热及放热性能时，得出以下结论：

(1) $CuAl_2O_4$ 不会影响 CuO 涂层吸收能量的性能，不论是光能还是内能；

(2) 相比于不涂覆任何涂料的光洁基材表面，只含 $CuAl_2O_4$ 的涂料也会提高表面的吸热和吸收光能的效率和能力；

(3) 涂层的吸热能力和吸收光的能力与涂层中 CuO 的含量有关，含量越高，能力越强；

(4) 涂层的吸热和吸收光能的速度也受 CuO 含量的影响，含量越高，速率越大。

参 考 文 献

[1] Amri A, Jiang Z T, Pryor T, et al. Developments in the synthesis of flat plate solar selective absorber materials via sol-gel methods: A review. Renew Sust Energ Rev, 2014, 36: 316-328.

[2] Farooq M, Green A A, Hutchins M G. High performance sputtered Ni: SiO$_2$, composite solar absorber surfaces. Sol Energy Mater Sol Cells, 1998, 54(1-4): 67-73.

[3] Farooq M, Hutchins M G. Optical properties of higher and lower refractive index com-
     posites in solar selective coatings. Sol Energy Mater Sol Cells, 2002, 71(1): 73-83.
[4] Teixeira V, Sousa E, Costa M F, et al. Chromium-based thin sputtered composite
     coatings for solar thermal collectors. Vacuum, 2002, 64(3/4): 299-305.
[5] Teixeira V, Sousa E, Costa M F, et al. Spectrally selective composite coatings of Cr–
     Cr_2O_3, and Mo–Al_2O_3, for solar energy applications. Thin Solid Films, 2001, 392(2):
     320-326.
[6] Nunes C, Teixeira V, Collares-Pereira M, et al.Deposition of PVD solar absorber coatings
     for high-efficiency thermal collectors. Vacuum, 2002, 67(3/4): 623-627.
[7] Nunes C, Teixeira V, Prates M L, et al. Graded selective coatings based on chromium
     and titanium oxynitride. Thin Solid Films, 2003, 442(1/2): 173-178.
[8] Kadirgan F, Söhmen M, Türe İ E, et al. An investigation on the optimisation of elec-
     trochemically pigmented aluminium oxide selective collector coatings. Renew Energy,
     1997, 10(2-3): 203-206.
[9] Schüler A, Dutta D, Chambrier E D, et al. Sol–gel deposition and optical characteri-
     zation of multilayered $SiO_2/Ti_{1-x}Si_xO_2$ coatings on solar collector glasses. Sol Energy
     Mater Sol Cells, 2006, 90(17): 2894-2907.
[10] Schüler A, Videnovic I R. Titanium containing amorphous hydrogenated silicon carbon
     films (a-Si:C:H/Ti) for durable solar absorber coatings. Sol Energy Mater Sol Cells,
     2001, 69(3): 271-284.

第 5 章　多孔介质太阳能集热器的传热特性

如何将太阳能转化为可持续能源 (如热能或电能) 是能否实现太阳能利用的重要因素之一。多孔材料已被认作是用来提高太阳能系统中热传递和能量传递效率的最有效和最经济的技术之一。为了解多孔介质如何提高系统效率，本章基于两种实验思路，即设计有多孔介质和不带多孔介质的两种系统进行测试并进行对比研究，以及设计选取不同的多孔介质，在相同条件下进行实验，比较不同多孔介质的吸热特性，利用简单的实验器材，分析多孔介质如何影响太阳能集热器的吸热特性。

5.1　多孔介质简介

改善太阳能系统传热特性的常用方法是使用多孔材料，这些材料由具有相互连接的空隙的固体基质组成。多孔材料通过提高有效流体导热系数、增加流体与集热器表面的混合，以及开发更薄的流体动力学边界层来降低热阻，从而提高传热速率。过去的研究表明，与基材相比，多孔材料表现出增强的热性能，例如更高的对流传热系数或导热性。一般而言，多孔材料可用于包含吸附材料、热能储存材料、绝缘材料、蒸发材料和传热增强材料的太阳能系统中的不同目标。各种多孔性材料，如金属泡沫材料、多孔金属、混合活性氧化铝以及沸石分子筛 13X 可用于太阳能集热器，实现高效吸收太阳能。

过去的研究表明，使用多孔材料能改善太阳能系统的传热特性。Lansing 等 [1] 在平板太阳能集热器内部使用多孔基体，并从吸收能量的固体中提取有效热量。他们发现，与相同条件下的非多孔类型相比，在平板集热器内部使用多孔材料使其性能得到了显著改善。Al-Nimr 和 Alkam[2,3] 发现吸收板和流体之间的对流传热系数可以利用放置多孔层来改善。他们通过使用这种技术，努塞尔数增加了 25 倍，并进一步尝试通过在收集器的内壁插入多孔层来改善管收集器的热性能。研究结果表明，插入多孔基质后，太阳能集热器的效率提高了 15%～ 130%，特别是在整个损耗系数高的情况下。Sopian 等 [4] 通过实验展示了带有和没有多孔材料的双程太阳能集热器的热性能。实验报告表明，带有多孔材料的双程太阳能集热器的效率比常规集热器 (不含多孔材料) 高出 20%～ 70%。值得注意的是，在这项研究中下部通道由钢丝绒填充作为多孔材料。Baskar 等 [5] 在抛物面槽式集中器中应用了一个多孔圆盘接收器来增强传热。与管状接收器相比，他们发现接收器的努塞尔数增加

了 70%。其结果表明，在管状接收器中插入多孔介质导致系统性能显著提高。Chen
等 [6] 在太阳能平板收集器内使用填充石蜡的铝泡沫多孔结构。结果表明，通过在
石蜡中使用铝泡沫会让传热性能得到显著改善，而且，泡沫铝中石蜡的温度分布比
没有泡沫铝的石蜡更均匀。Dissa 等 [7] 进行了太阳能空气收集器与多孔和无孔吸
收体制成的复合吸收体的实验研究，研究中无孔和多孔吸收体分别由波纹铁片和
铝网制成。他们估算出午间太阳能收集器的整体热效率为 61%，效率相比单一无
孔吸收体有明显提升。

　　研究发现，多孔介质的孔隙率、孔隙直径、入口进气速度及固体导热系数等
属性对集热器吸热性能有影响。Lim 等 [8] 提出了一个多孔介质管式太阳能集热
器的优化设计。他们发现收集器的最高温度主要取决于多孔材料的孔隙率和导
热率。此外，多孔材料导致空气和固体之间的接触面积增加，并随之提高了系
统效率。Hirasawa 等 [9] 通过使用高孔隙率多孔介质来减少太阳能集热器的热量
损失。他们在集热板上方使用高孔隙度多孔介质从而发现自然对流热损失降低了
7%。Lee 等 [10] 数值模拟了中央粒子加热接收器应用中互连多孔介质中的颗粒流
动。他们认为，多孔介质降低了颗粒物质的下降速度，并增加了其在接收器内的停留
时间。

　　在各种多孔材料介质中，多孔陶瓷介质具有吸热传热性好、耐高温、孔隙率高、
质量轻等优点，是理想的吸热材料，因此常选用碳化硅 (SiC) 作为传热介质。Fend
等 [11] 尝试了将各种多孔材料吸热体用于开放的容积式太阳能接收器。他们推荐
使用基于陶瓷泡沫或陶瓷纤维的材料，因为它们的比表面积大，具有合理的压降特
性。Becker 等 [12] 从数值上和理论上研究了用作容积式太阳能接收器多孔材料的
流动稳定性。研究结果表明，流动的不稳定性可以通过应用一种具有高导热率和压
降相关性二次特性的合适多孔材料来避免，如陶瓷泡沫。Agrafiotis 等 [13] 评估了
多孔碳化硅整体蜂窝体作为体积收集器集中太阳辐射的潜在用途。他们推荐将基
于碳化硅的陶瓷用于高温应用，如开采太阳能。这种材料的天然黑色加上其高热导
率能够更好地收集太阳能。Zhao 和 Tang[14] 用蒙特卡罗方法计算太阳能接收器中
碳化硅多孔介质的辐射换热。他们提出了消光系数的相关性，可用于预测 SiC 多
孔材料的孔径和孔隙度的消光系数。

　　多孔材料的几何形状和结构特性影响集热器的吸热性能。Reddy 等 [15] 在太
阳能抛物面槽收集器中使用了多种具有几何形状 (纵向固体鳍片、纵向多孔鳍片和
间歇式多孔鳍片) 的多孔接收器。研究结果表明，通过在管接收器中加入多孔插件，
其传热量增加了 17.5%。在另一项研究中，Reddy 等 [16] 使用了多孔圆盘接收器
作为太阳能抛物面槽收集器，研究测试了六种不同的接收器配置：替代多孔盘接收
器、底部多孔盘接收器、倾斜底部多孔盘接收器、屏蔽管接收器、U 形底部多孔盘
接收器和未屏蔽管接收器。结果表明，与传统的管状接收器相比，当增强多孔盘接

收器时，流体和接收器表面之间的热梯度较小，采用多孔盘式接收器的抛物面槽式收集器的性能要好于其他接收器配置。

5.2　实　验　测　量

5.2.1　材料和仪器

实验主要采用钢丝、铝丝、活性氧化铝颗粒、有孔的铝板和多孔泡沫作为多孔介质。本章采用氙灯作为模拟光源，实验中利用透光率好的塑料泡沫，可以减少对流和辐射热损失 [17]。氙灯辐射光谱能量分布与日光相接近，色温约为 6000K。实验中采用额定电压 12V，功率 55W，色温 6000K 的长弧氙灯作为稳定光源 (图 5.1)。

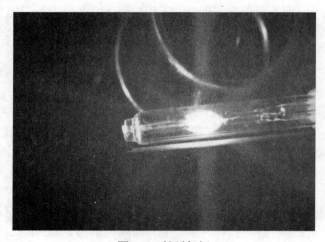

图 5.1　长弧氙灯

实验使用量程为 −200 ～ 1372℃ 的四通道热电偶接触式测温仪测量温度，量程为 20 万 lx 的光度仪测量光强，电子天平称质量。实验还需要容积为 80ml、瓶口直径 4.5cm、高 6.3cm、宽 4.5cm、质量为 130g 的四方玻璃容器 (方形容器方便于多孔铝板的测量)，以及透明塑料泡沫和石墨等。

实验选取不同的多孔介质进行测试，在相同条件下进行实验，比较不同多孔介质的吸热特性，采用钢丝、铝丝、活性氧化铝颗粒、带孔的铝板和多孔泡沫作为多孔介质分别进行实验分析，以活性氧化铝颗粒、铝丝和铝板的对比实验流程为例，对比同为 36g 的活性氧化铝颗粒、铝板、铝丝的吸热特性。实验选用的多孔材料如图 5.2 ～图 5.5 所示，其中多孔铝板的表面不平整，是为了保留自然的空隙，利于吸热。

图 5.2　氧化铝颗粒

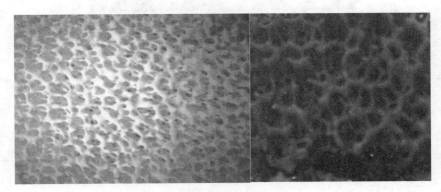

图 5.3　氧化铝多孔泡沫

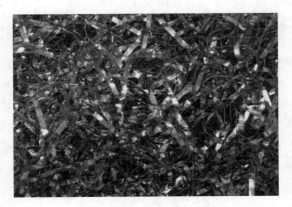

图 5.4　铝丝

在相同实验条件下，对比同为 36g 的活性氧化铝颗粒、铝板、铝丝的吸热特性（表 5.1）。

图 5.5　多孔铝板

表 5.1　实验选用的部分多孔介质

材料	质量	尺寸
活性氧化铝颗粒 1	36g	平均直径 1.5mm
活性氧化率颗粒 2	36g	平均直径 3mm
铝丝	36g	略
铝板	36g	板厚 1mm，孔径 2mm，孔距 2mm

5.2.2　实验过程

下面以氧化铝颗粒为例介绍实验的整个过程。

(1) 选取直径分别为 1.5mm 和 3.0mm 两种规格的活性氧化铝颗粒；

(2) 用石墨对活性氧化铝颗粒进行表面涂层处理，以增强其吸热性能；

(3) 电子天平称取 36g，直径为 3.0mm 经过处理的氧化铝颗粒放入玻璃容器中；

(4) 用透明塑料泡沫包裹玻璃容器置于保温底座上，将三根热电偶探头从容器顶部的细孔中插入，三根热电偶呈直线均匀间隔分布且与光路垂直；

(5) 氙灯固定在与容器对应的高度上，选取合适的位置用障碍物遮挡在氙灯光路和热电偶探头的连线上，避免由于氙灯直接照射热电偶影响实验结果；

(6) 连接电路，接通氙灯电源，记录数据，直至温度趋于稳定后关闭电源，同样记录温度，直至冷却温度趋于稳定，取出颗粒；

(7) 相同的条件下放入平均直径为 1.5mm 的经过处理的活性氧化铝颗粒 36g，重复上述步骤测量；

(8) 相同的条件下放入平均直径为 3mm 的未经处理的活性氧化颗粒 36g，重复上述步骤测量；

(9) 相同的条件下放入平均直径为 1.5mm 的未经处理的活性氧化颗粒 36g，重复上述步骤测量。

5.3　结果和分析

5.3.1　不同多孔介质的对比

分析钢丝、铝丝、铝板、活性氧化铝颗粒和氧化铝多孔泡沫等多种材料的实验结果。其中氧化铝颗粒和氧化铝多孔泡沫还经过石墨表面涂层处理，以检验集热增强的效果。

如图 5.6 所示，有钢丝作为多孔介质的实验系统相较于没有多孔介质 (空瓶) 的实验系统，温度变化曲线相似，升温和降温变化随时间增加呈近似平滑曲线，其峰值分别为 41.7℃ 和 38.6℃，说明钢丝增强了系统的吸热性能。

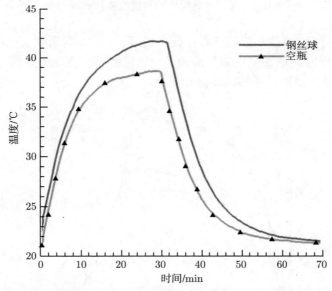

图 5.6　钢丝作为多孔介质和没有多孔介质 (空瓶) 的温度变化曲线

如图 5.7 所示，分别选取活性氧化铝颗粒平均直径为 1.5mm 和 3mm 两种型号，以及是否经石墨处理，共 4 组实验系统，其温度变化曲线相似，升温和降温变化随时间增加呈近似平滑曲线，并且可以看出，经石墨处理过的氧化铝颗粒相较于未经处理的氧化铝颗粒吸热特性有明显提升，且平均直径为 3mm 的活性氧化铝颗粒较平均直径为 1.5mm 的活性氧化铝颗粒吸热性能更好。

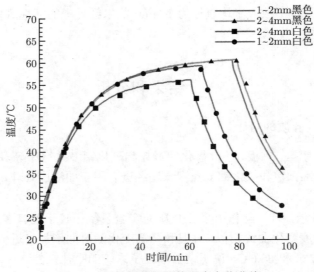

图 5.7　活性氧化铝颗粒温度变化曲线

　　如图 5.8 所示，铝板和铝丝作为多孔介质进行实验，其温度变化曲线相似，升温和降温变化随时间增加呈近似平滑曲线，横置铝板状态比竖置状态的吸热效果更好，相同质量下的铝丝吸热性能提升显著。

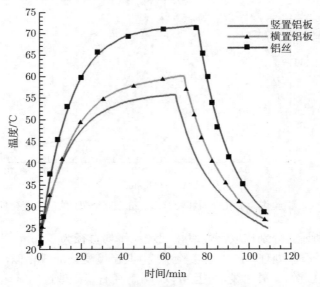

图 5.8　竖置、横置铝板和铝丝的温度变化曲线

　　如图 5.9 所示，以多孔泡沫作为多孔介质进行实验，温度变化曲线相似，升温

和降温变化随时间增加呈近似平滑曲线, 经石墨处理后吸热效果更强, 相同质量下的多孔泡沫相较于其余几种多孔介质, 吸热性能提升显著。

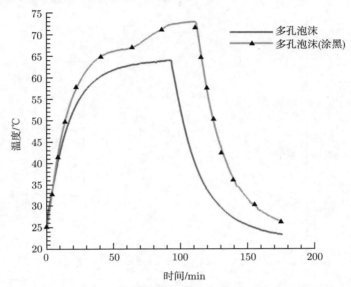

图 5.9 经过和未经石墨处理的多孔泡沫温度变化曲线

5.3.2 升降温的变化特点

为更清楚地分析多孔介质加热和降温时的速率及平衡状态下的热稳定, 需要对温度曲线进行处理, 得出不同阶段的升降温速率。

以钢丝作为多孔介质时的系统温度变化曲线为例, 如图 5.10 所示, 时间为 x 轴, 温度为 y 轴, 曲线分为开启电源升温和关闭电源降温两个阶段, 得出升降温趋势线, 并得出拟合曲线近似的对数方程:

升温阶段: $y = 13.107\ln(x) + 9.3868$

降温阶段: $y = -13.46\ln(x) + 85.919$

对时间 x 求导后得出温度的速率曲线 (图 5.11), 由速率曲线可以看出, 升温和降温速率基本平衡, 在初期骤降, 后趋于平缓, 升降温速率之和呈近似直线。

对数据进行重新处理, 将图 5.10 中时间变为 y 轴, 温度变为 x 轴作曲线, 分为开启电源升温和关闭电源降温两个阶段, 得出升降温趋势线, 并得出曲线近似的指数方程:

升温阶段: $y = 0.5812e^{0.0735x}$

降温阶段: $y = 568.92e^{-0.074x}$

对温度 x 求导后得出温度曲线的速率方程:

升温阶段 $y = 0.0427\mathrm{e}^{0.0735x}$

降温阶段 $y = 42.1001\mathrm{e}^{-0.074x}$

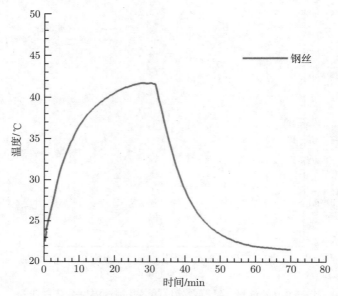

图 5.10　钢丝作为多孔介质时的系统温度变化曲线

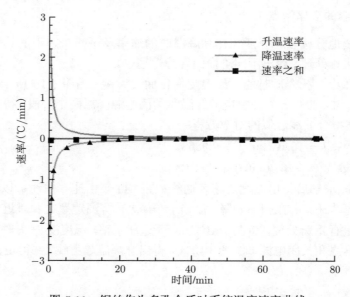

图 5.11　钢丝作为多孔介质时系统温度速率曲线

经分析发现，同一温度升、降温速率的绝对值之和近似为常数，表明吸热量只与材料和结构有关,几乎不随温度变化。

5.3.3 影响因素分析

孔隙直径、孔隙率、入口进气速度、固体导热系数以及热流分布等都是影响多孔介质吸热器传热性能的关键因素。

多孔介质的孔隙直径对内部温度分布有很大的影响。当孔径越来越小时,两相间没有充分的耦合导致出口气体温度较低。对比不同型号的氧化铝颗粒,平均直径为 3mm 型号的活性氧化铝颗粒空隙直径更大,吸热性能更好。

多孔介质的孔隙率是指多孔介质内部微小空隙的总体积与该多孔介质的总体积的比值,对比铝板横置和竖置吸热性能,发现横置铝板状态比竖置状态的吸热效果更好,这是因为孔隙率对泡沫材料的消光系数有很大的影响。横置状态下铝板孔隙率更小,当孔隙率不断增加,固体骨架的散射系数就会增加,因此太阳辐射渗入多孔体内的热量减少,温度降低。在同一位置,孔隙率越小,空气和固体骨架间的对流换热系数就越小,这样两相间对流换热耦合不充分,导致温差大。

5.4 本 章 小 结

为分析和提高多孔介质的集热效率,实验采用氧化铝颗粒和氧化铝多孔泡沫等作为多孔介质,并与易于制作的表面涂层进行对比。

有钢丝作为多孔介质的实验系统相较于没有多孔介质的实验系统,温度变化曲线相似,升温和降温变化随时间增加呈近似平滑曲线,其峰值分别为 41.7℃ 和 38.6℃,说明钢丝作为多孔介质增强了系统的吸热性能。

分别选取活性氧化铝颗粒平均直径为 1.5mm 和 3mm 两种型号,以及是否经石墨处理,共 4 组实验系统,其温度变化曲线相似,升温和降温变化随时间增加呈近似平滑曲线,并且可以看出,经石墨处理过的氧化铝颗粒相较于未经处理的氧化铝颗粒吸热特性有明显提升,且平均直径为 3mm 的活性氧化铝颗粒较平均直径为 1.5mm 的活性氧化铝颗粒吸热性能更好。

以铝板和铝丝作为多孔介质进行实验,其温度变化曲线相似,升温和降温变化随时间增加呈近似平滑曲线,横置铝板状态比竖置状态的吸热效果更好,相同质量下的铝丝吸热性能提升显著。

以多孔泡沫作为多孔介质进行实验,温度变化曲线相似,升温和降温变化随时间增加呈近似平滑曲线,经石墨处理后吸热效果更强,相同质量下的多孔泡沫相较于其余几种多孔介质,吸热性能提升显著。

由实验数据中温度的速率曲线可以看出,升温和降温速率在初期骤降,后趋于平缓,升降温速率之和呈近似直线,系统升降温时的热交换与辐射损失达到动态平衡。

　　对于所提出的系统，多孔介质的应用前景广阔，效率相较于传统效率提升显著。另外，由于本章中使用的多孔介质是成本非常低的物料，提出的系统的投资成本非常低，具有良好的实践和应用潜力。特别是经石墨涂层处理后吸热效果显著，相同质量下的多孔泡沫相较于其余几种多孔介质，吸热性能的提升更明显。

参 考 文 献

[1]　Lansing F L, Clarke V, Reynolds R. A high performance porous flat-plate solar collector. Energy, 1979, 4(4): 685-694.

[2]　Al-Nimr M A, Alkam M K. A modified tubeless solar collector partially filled with porous substrate. Renewable Energy, 1998, 13:165-173.

[3]　Alkam M K, Al-Nimr M A. Solar collectors with tubes partially filled with porous substrates. Journal of Solar Energy Engineering, 1999, 121: 20-24.

[4]　Sopian K, Supranto W R, Daud W, et al. Thermal performance of the double-pass solar collector with and without porous media. Renewable Energy, 1999, 18: 557-564.

[5]　Baskar P, Edison G, Ravi Kumar T S, et al. Modeling, simulation and performance analysis of porous disc receiver for solar parabolic trough collector. Int. J. Sci. Eng. Res. 2013, 4: 108-111.

[6]　Chen Z, Gu M, Peng D. Heat transfer performance analysis of a solar flat-plate collector with an integrated metal foam porous structure filled with paraffin. Appllied Thermal Energy, 2010, 30: 1967-1973.

[7]　Dissa A O, Ouoba S, Bathiebo D, et al. A study of a solar air collector with a mixed 'porous' and 'non-porous' composite absorber. Solar Energy, 2016, 129: 156-174.

[8]　Lim S, Kang Y, Lee H, et al. Design optimization of a tubular solar receiver with a porous medium. Appllied Thermal Energy, 2014, 62: 566-572.

[9]　Hirasawa S, Tsubota R, Kawanami T, et al. Reduction of heat loss from solar thermal collector by diminishing natural convection with high-porosity porous medium. Solar Energy, 2013, 97: 305-313.

[10]　Lee T, Lim S, Shin S, et al. Numerical simulation of particulate flow in interconnected porous media for central particle-heating receiver applications. Solar Energy, 2015, 113: 14-24.

[11]　Fend T, Hoffschmidt B, Pitz-Paal R, et al. Porous materials as open volumetric solar receivers: Experimental determination of thermophysical and heat transfer properties. Energy, 2004, 29: 823-833.

[12]　Becker M, Fend T, Hoffschmidt B, et al. Theoretical and numerical investigation of flow stability in porous materials applied as volumetric solar receivers. Solar Energy, 2006, 80: 1241-1248.

[13]   Agrafiotis C C, Mavroidis I, Konstandopoulos A G, et al. Evaluation of porous silicon carbide monolithic honeycombs as volumetric receivers/collectors of concentrated solar radiation. Solar Energy Materials and Solar Cells, 2007, 91: 474-488.

[14]   Zhao Y, Tang G H. Monte Carlo study on extinction coefficient of silicon carbide porous media used for solar receiver. International Journal of Heat and Mass Transfer, 2016, 92: 1061-1065.

[15]   Reddy K S, Kumara K R, Ajay C S. Experimental investigation of porous disc enhanced receiver for solar parabolic trough collector. Renewable Energy, 2015, 77: 308-319.

[16]   Reddy K S, Kumara K R, Satyanarayana G V. Numerical investigation of energyefficient receiver for solar parabolic trough concentrator. Heat Transfer Engineering, 2008, 29: 961-972.

[17]   George N, Gabriel L, Boriskina S V. Steam generation under one sun enabled by a floating structure with thermal concentration. Nature Energy, 2016, 62: 566-572.

第 6 章　优化的纳米流体直接吸收太阳能

区别于表面吸收，运用工作流体直接吸收太阳能的集热器，有利于减少热损失，提高集热效率，并且可以做成便携式装置[1]。将纳米颗粒分散于基液中形成的纳米流体[2,3]，具有优异的光谱吸收和热量传输性能，适合用作直吸式太阳能集热器的循环工质。纳米流体的初期研究主要是集中在分析流体的各种热物理性质[4,5]。传统集热器的传热过程，主要是依靠集热管表面的吸收性涂层来吸收太阳辐射，其缺点是辐射损失大、流体温度分布不均匀，因此导致其集热效率较低。在流体中加入纳米颗粒，能有效地提高太阳能热利用的效率。纳米流体因为纳米颗粒的小体积特性，容易储存大量的热量[6]，表现出不同于基液的辐射吸收特性和传热特性，从而能有效地提高集热效率。现有纳米颗粒的结构有很多种[7]，主要有一般的球形结构、等离激元核壳结构、空心球结构和近期采用的双面球结构[8-10]。

研究人员利用几种不同的方法制备了各种材料和大小的中空球形纳米颗粒，并将其广泛地试用于太阳能流体中，以达到提高太阳能吸热效率的目的。Kelly 等[11]认为，由于纳米颗粒的小尺寸效应、量子效应、大比表面积效应，以及界面原子排列和键组态的无规则特性，纳米颗粒的光学特性有了较大的变化，具有特殊的光吸收性质。Chen 和 Gao[12] 通过在乙醇溶剂中热处理 $Zn(NH_3)_4^{2+}$ 前体，制备出了直径为 600nm 的 ZnO 空心球纳米颗粒。Sun 和 Li[13] 开发了一种基于无模板的技术路线，将 ZnSe 纳米颗粒凝聚在液–气界面上，来形成 ZnSe 半导体空心球，而且采用简单的表面层吸收模板技术获得了单分散的 Ga_2O_3 和 GaN 空心球纳米颗粒。Ding 等[14] 用化学反应方法制备了 Si 纳米空心球颗粒，该方法是通过化学反应包覆壳材料的。Zhong 等对包覆法进行了改进，直接包覆法的缺点在于如何使包覆层均匀且厚度可控，而且这种方法常会伴随有壳材前驱物以自由沉淀形式析出的现象发生。鉴于此，Zhong 等[15] 对包覆法进行了改进，他们采用高分子乳胶粒排列出的"晶格"作为模板，制备出了壁厚均匀的. TiO_2 和 SnO_2 的空心球 Sasaki 等[16] 用喷雾反应法制备出了壳层厚度为 50nm 的 TiO_2 空心球，该法制得的产物纯度高、粒径分布均匀、比表面积大、形态可控，因而用该法制备有其特殊的优势。Xia 等[17] 利用由 SAB-15 高温碳化制备的碳球模板，成功地合成了氧化铝空心球，但这种合成方法较为复杂、模板较昂贵，所以不适用于大规模工业化生产。

本章在以往不同结构的纳米颗粒基础上，设计并制作出了优化结构的纳米颗粒 —— 混合多相的双球纳米颗粒。混合多相的双球纳米颗粒是由两种材料制成的纳米颗粒，其中一种材料的颗粒是实心的，另一种材料的颗粒是空心的，然后将两种颗粒结合在一起。该结构结合了核壳结构、双面球和空心球结构的优点，有利于提高太阳能的吸热性能。

6.1   胶体碳球的制备

碳球对于制备纳米空心球颗粒是至关重要的，良好的碳球结构是制备纳米空心球颗粒的基础。将碳球加入盐溶液中，通过超声、静置等方法，使金属离子吸附在碳球表面，然后通过焙烧的方法，一方面能使碳球在高温条件下与空气发生反应，从而将碳球烧除，另一方面能使碳球表面吸附的金属离子与空气反应生成金属氧化物，这样就能得到空心的纳米颗粒，所以碳球的结构及大小等性质直接决定了所制备的空心纳米颗粒的结构和大小。

通过两种不同的方法制备碳球。第一种是物理方法：将块状的活性炭通过研磨的方法来制备碳球大小为纳米级，且碳球尺寸均匀的颗粒。将研磨好的碳球颗粒放置在显微镜下观察其结构 (图 6.1) 可以发现，碳球颗粒基本为球形，但尺寸不均一、大小差距较明显，所以用物理方法制备碳球是不可行的。第二种方法是水热合成法：以葡萄糖为前驱物，利用反应釜和烘箱将葡萄糖溶液加热到一定温度，使溶液中相邻的蔗糖分子脱水缩合形成两亲化合物，当两亲化合物浓度达到临界胶束浓度时，就形成了以憎水基团为核、亲水基团为表面的球状胶束，球状胶束继续反应，尺寸不断增加，直到将溶液中的蔗糖分子全部消耗完为止，这就制备出了表面具有吸附能力的胶体碳球。这种制备碳球的方法，不仅能使制备出的碳球大小可控、尺寸均一，而且碳球表面具有更强的、可以吸附金属离子的能力。

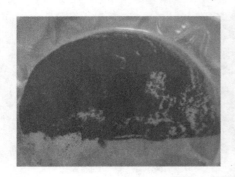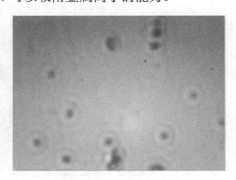

图 6.1   研磨好的碳球颗粒

6.1.1　主要原料及设备

实验选用的主要原料和仪器设备分别如表 6.1 和表 6.2 所示。

表 6.1　实验原料

试剂名称	纯度	出品单位
葡萄糖	分析纯	北京化工厂
乙醇	分析纯	北京化工厂

表 6.2　实验仪器

仪器名称	所需性能
高温 Teflon 反应釜	带有聚四氟乙烯内衬
电子天平	精确度为 0.1mg
电热鼓风干燥箱	可升温至 180℃，并且可以持续干燥 6.5h
离心机	最高转速可达到 11000 r/min

6.1.2　实验过程

首先，以葡萄糖为前驱物制备胶体碳球。用电子天平称取葡萄糖 (分析纯度)54g 溶于去离子水中，用玻璃棒搅拌配制成 300ml、浓度为 1mol/L 的葡萄糖溶液，溶液为无色透明的。然后将配制好的葡萄糖溶液倒入容积为 500ml 的高温聚四氟乙烯 (Teflon) 反应釜 (带有聚四氟乙烯内衬的不锈钢水热合成反应釜) 中，利用不锈钢杆拧紧反应釜，将反应釜放入烘箱中，设定烘箱温度为 180℃，由室温开始升温，反应持续时间为 6.5h(图 6.2)。

图 6.2　高温聚四氟乙烯反应釜放置在电热鼓风干燥箱中

待反应时间达到 6.5h 后，关闭烘箱电源，让反应釜在烘箱内自然缓慢降温至室温，然后取出反应釜。利用不锈钢杆缓慢地打开反应釜，将聚四氟乙烯内衬里的液体缓慢地倒入烧杯中，此时所得液体为深褐色的浑浊液 (图 6.3)。

图 6.3 聚四氟乙烯内衬里的深褐色液体

将所得液体放入台式高速离心机中分离，每次离心时间设定为 5min，转速会依据离心次数而有所改变，最高转速为 11000r/min，最低转速为 9000r/min(图 6.4)。

图 6.4 台式高速离心机

将所得液体首次离心后，倒出上层液体，加入去离子水洗涤并再次离心，该循环重复进行五次。接下来, 倒出离心后的上层液体, 加入乙醇溶液 (分析纯度) 并离心, 该循环重复进行五次, 最后将离心得到的上层清液倒出, 所得固体中加入去离子水形成溶液, 倒入培养皿中。离心次数共 11 次, 每次离心后上层液体的颜色都会发生变化 (图 6.5)。

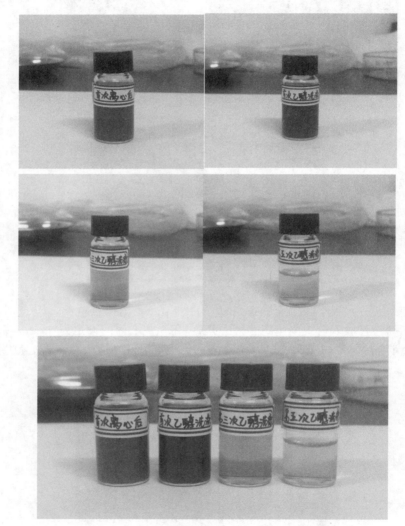

图 6.5   离心后上层液体颜色

通过比较每次离心后上层液体的颜色可以发现, 用同种洗涤液 (即去离子水和乙醇) 洗涤离心后的上层液体逐渐变得清澈, 颜色变得更浅, 说明每次离心效果良好。通过比较第五次去离子水洗涤离心后的上层液体颜色和第一次用乙醇洗涤离心后的上层液体颜色,可以明显地看出,上层液体由浅棕色的透明液体变为红棕色的浑浊液体,说明用去离子水和乙醇洗涤出了不同的杂质,这也证实了用去离子水和乙醇洗涤的必要性。

将培养皿中的液体放入烘箱中烘干,烘箱温度设定为 80℃,烘干时间为 6h,最后即可得到胶体碳球 (图 6.6)。

图 6.6　制备的胶体碳球

6.2　制备纳米空心球颗粒

利用胶体碳球为模板制备纳米空心球颗粒,是一种合理的制备方法。与使用传统模板的制备方法相比,这种方法在制备过程中不需要使用有机溶剂,而且工艺简单、操作安全、产物大小可控,是一种绿色环保且高效的制备方法。以硝酸铝溶液、硝酸银溶液和氯金酸溶液为原料,利用胶体碳球为模板分别制备氧化铝纳米空心球、氧化银纳米空心球和金纳米空心球。

6.2.1　主要原料及设备

实验选用的主要原料和仪器设备分别如表 6.3 和表 6.4 所示。

表 6.3　实验原料

试剂名称	纯度	出品单位
硝酸铝	分析纯	北京化工厂
乙醇	分析纯	北京化工厂
氯金酸	0.1%	自行配置
硝酸银	分析纯	北京化工厂

表 6.4　实验仪器

仪器名称	所需性能
电子天平	精确度为 0.1mg
超声波清洗仪	可控制温度
抽滤装置	可实现 200nm 颗粒的抽滤
马弗炉	可升温至 450℃

6.2.2　实验过程

用电子天平称取硝酸铝 (分析纯度)6.39g，以乙醇 (分析纯度) 为溶剂，用玻璃棒搅拌配制成浓度为 0.5mol/L 的硝酸铝溶液 60ml(图 6.7)，溶液为无色透明液体，然后加入 0.2g 胶体碳球 (图 6.8(a))。取用浓度为 0.1% 的氯金酸溶液 50ml(图 6.7)，溶液为黄色透明液体，然后加入 0.15g 胶体碳球 (图 6.8(b))。用电子天平称取硝酸银 (分析纯度)5.1g，以去离子水为溶剂，用玻璃棒搅拌配制成浓度为 0.5mol/L 的硝酸银溶液 60ml(图 6.7)，溶液为无色透明液体，然后加入 0.2g 胶体碳球 (图 6.8(c))。

图 6.7　制备的硝酸铝溶液、氯金酸溶液和硝酸银溶液

将加入了胶体碳球的硝酸铝溶液、硝酸银溶液和氯金酸溶液放入超声波清洗仪中超声 40min(图 6.9)，然后在 25°(室温) 的环境下静置过夜 9h，以便胶体碳球对溶液中的 Al^{3+}，Ag^+ 和 Au^{3+} 进行充分的吸附 (图 6.10)。

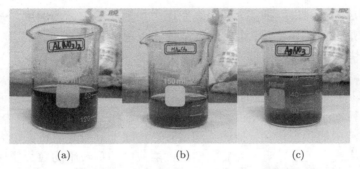

(a)　　　　　　　(b)　　　　　　　(c)

图 6.8　加入了胶体碳球的硝酸铝溶液、氯金酸溶液和硝酸银溶液

图 6.9　超声 40min 后的硝酸铝溶液、氯金酸溶液和硝酸银溶液

图 6.10　静置过夜后的硝酸铝溶液、氯金酸溶液和硝酸银溶液

　　通过比较图 6.8～图 6.10 可以看出，超声使溶液中的胶体碳球颗粒分散更均匀，分散性更好，硝酸铝溶液、氯金酸溶液有明显的颜色变化，由原来的固液分离状态变成浑浊液，硝酸银溶液没有明显变化；静置过夜后的硝酸铝溶液分散性良好、溶解性良好，氯金酸溶液分散较均匀，但底部依然有些许沉淀，硝酸银溶液固液分离更明显，底部有明显沉淀。

将静置后的溶液进行抽滤，利用真空压力加速液体的过滤速度。先用孔径为500nm 的普通滤纸 (图 6.11(a)) 搭配真空抽滤装置 (图 6.11(b)) 抽滤硝酸银溶液，抽滤速度很快，溶液快速通过滤纸完成了抽滤，滤纸上有明显的抽滤后的固体颗粒 (图 6.11(c))。然后用同样的滤纸和抽滤装置抽滤硝酸铝溶液，发现抽滤速度由快变慢，滤纸上只有少量的抽滤后的固体颗粒，从而得知静置后的硝酸铝溶液和硝酸银溶液中的颗粒大小有明显的差距。用普通滤纸抽滤硝酸铝溶液是没有办法实现的，滤纸孔被溶液中的颗粒堵住，抽滤无法进行，滤纸上只能滤出粒径较大的固体颗粒，也可以从这一现象说明静置后的硝酸铝溶液中的颗粒平均粒径要比静置后的硝酸银溶液中的颗粒平均粒径大。

图 6.11　普通滤纸 (a)、抽滤装置 (b) 和抽滤后得到的固体颗粒 (c)

换用孔径为 0.2μm(即 200nm) 的微孔过滤膜和另一种真空抽滤装置抽滤硝酸铝溶液，此时可以发现抽滤状况良好，抽滤速度很快且匀速，微孔过滤膜上有明显的抽滤后得到的固体颗粒 (图 6.12)，图 6.12(c) 的图片为抽滤后滤纸上的黑色固体颗粒已经自然变干脱落后的滤纸。这就说明这次是有效的抽滤。

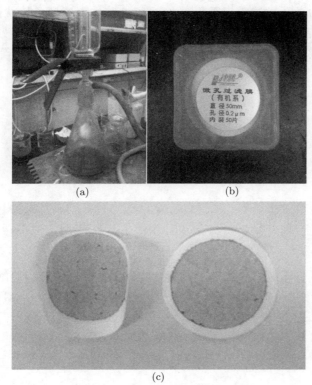

(a)　　　　　　　　(b)

(c)

图 6.12　微孔过滤膜和抽滤装置

同样用孔径为 0.2μm 的微孔过滤膜和真空抽滤装置 (图 6.12) 抽滤氯金酸溶液，抽滤速度很快且速度均匀，微孔过滤膜上有很多固体颗粒 (图 6.13)，说明抽滤状况良好，达到了抽滤目的。

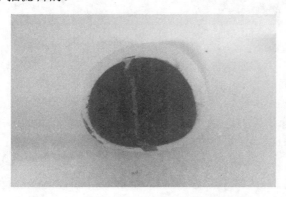

图 6.13　抽滤后微孔过滤膜上的固体颗粒

将抽滤后的普通滤纸上吸附着 Ag^+ 的胶体碳球黑色固体颗粒自然风干，同样也将抽滤后的微孔过滤膜上吸附着 Au^{3+} 的胶体碳球黑色块状固体自然风干 (图 6.14(a))，然后将固体颗粒分别刮至白玉石英坩埚中。硝酸铝溶液抽滤后滤纸上吸附着 Al^{3+} 的胶体碳球黑色固体颗粒已经自然变干脱落，同样放置在白玉石英坩埚中 (图 6.14(b))。

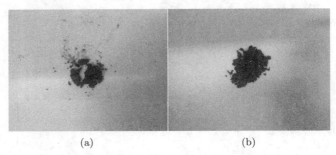

(a)   (b)

图 6.14   刮至白玉石英坩埚中的固体颗粒

将固体颗粒分别放入马弗炉中在空气条件煅烧，设定煅烧温度为 450℃ (图 6.15)，三次的煅烧时间依据煅烧物和煅烧过程中的状态而定，完成后打开炉门取出，使其自然冷却。

图 6.15   用于煅烧的马弗炉

6.3   制备纳米流体

纳米颗粒种类丰富，从结构来看主要有常用的球形结构、等离激元核壳结构、空心球结构和双面球结构等。球形结构属于传统纳米颗粒的结构，该结构制作工艺简单，吸热性能良好；等离激元核壳结构，可以显著拓宽太阳能的光谱吸收范围，从而提高太阳能的利用效率；空心球结构的纳米颗粒，既能保证材料本身高效地吸热，又有较轻的质量，减少颗粒的沉降和聚集，提高了纳米流体的稳定性；双面球结构, 其颗粒的表面两部分由两种不同的材料制成, 之前在力学等领域应用较多。在上述纳米颗粒的基础上, 设计了优化结构的纳米颗粒流体 —— 混合的双类球纳米流体, 其纳米颗粒是由一种材料的空心球纳米颗粒与另一种材料的实心球纳米颗粒结合而成的, 这种结构结合了核壳结构、双面球和空心球结构的优点, 从而可以提高太阳能的吸热性能。

空心球颗粒和实心球颗粒可以通过磁力搅拌器和相关的离子溶液结合, 或者利用正负电荷之间库仑力的作用。实验利用超声波清洗仪进行超声振荡, 从而使两种颗粒混合在一起, 可以保证颗粒结合得均匀, 开展下面的实验。

6.3.1 主要原料及设备

实验原料和实验仪器见表 6.5 和表 6.6。

表 6.5 实验原料

纳米颗粒	颗粒大小/nm
实心银纳米颗粒	50
实心氧化铝纳米流体	50

表 6.6 实验仪器

仪器	所需性能
电子天平	精确度为 0.1mg
超声波清洗仪	可控制温度
氙灯	可长时间模拟太阳光
热电偶	精确度为 0.1℃

6.3.2 实验过程

制备的流体均为: 溶剂为去离子水, 溶质质量为 0.01g, 溶液质量为 10g, 质量分数为 0.1%。具体的溶质质量组合见表 6.7。

表 6.7 溶质质量组合

序号	溶质	质量组合
1	氧化铝空心球颗粒	0.01g
2	氧化铝空心球颗粒 + 银实心球颗粒	0.005g+0.005g
3	银实心球颗粒	0.01g
4	银实心球颗粒 + 金空心球颗粒	0.005g+0.005g
5	金空心球颗粒	0.01g
6	氧化银空心球颗粒	0.01g
7	氧化铝实心球颗粒	0.01g
8	氧化银空心球颗粒 + 氧化铝实心球颗粒	0.005g+0.005g

　　将制备好的 8 种流体放入超声波清洗仪中超声振荡 (图 6.16)，使纳米颗粒均匀地分散在水里，将超声振荡之后的流体拿出，降至室温 (图 6.17)。

图 6.16　8 种流体放入超声波清洗仪中进行超声振荡

图 6.17　超声振荡之后的纳米流体

6.4　实验和分析

　　用制备好的纳米流体做太阳能直接吸收的模拟实验 (图 6.18)。用氙灯模拟照射的太阳光，将热电偶放入流体中，每种流体中央放置两个热电偶，保持每次实验时两个热电偶之间的距离相等，以及热电偶离瓶底的距离相等，为避免氙灯直接照射热电偶引起测温的不准确，采用正面为反光的银色、反面为避光的黑色不锈钢壳遮住热电偶，同时要保证热电偶是悬空的，没有贴在壳壁上。氙灯至瓶身的距离为 4.4cm，瓶身直径为 2.2cm，所以光源距离热电偶的距离为 5.5cm。记录两个热电偶的温度，每组记录时间不定，直到两个热电偶记录的流体的升温基本趋于平缓，然后关闭氙灯并移开，避免氙灯余温的影响，记录流体的自然降温，直到降温至 30℃

左右。根据实验设备及实验环境，实验时流体的热损失主要有：实验环境温度较流体温度低很多，会有大量的热量通过辐射或对流散失在环境中；实验容器没有进行完全密封；实验容器本身会吸收一部分热量等。

图 6.18   太阳能吸收模拟实验

6.4.1   空心与实心的对比

1) 氧化铝空心球颗粒流体与氧化铝实心球颗粒流体进行对比

将氧化铝空心球颗粒流体与氧化铝实心球颗粒流体两种流体测得的实验数据进行对比，绘制出相应的曲线图 (图 6.19)，以便于更好地进行对比分析。

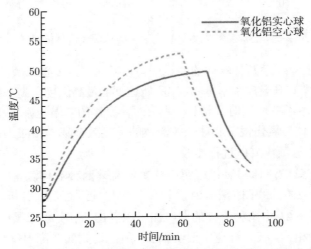

图 6.19   氧化铝空心球颗粒流体与氧化铝实心球颗粒流体的对比

通过对比图 6.19 中两种流体的曲线图可以看出，氧化铝空心球颗粒流体与氧化铝实心球颗粒流体相比，其升温速率更快，所能达到的最高温度也要高很多，达到最高温度、温度保持基本不变所需时长也要稍长一些；两种流体的降温速率有些不同，氧化铝空心球颗粒流体降温速率要快一些。这说明氧化铝空心球颗粒流体比氧化铝实心球颗粒流体的吸热效率更高。

2) 银实心球颗粒流体与氧化银空心球颗粒流体进行对比

将银实心球颗粒流体与氧化银空心球颗粒流体两种流体测得的实验数据进行对比，绘制出相应的曲线图 (图 6.20)，以便于更好地进行对比分析。

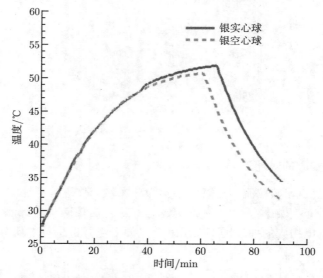

图 6.20　银实心球颗粒流体与氧化银空心球颗粒流体的对比曲线图

通过对比图 6.20 中两种流体的曲线图可以看出，银实心球颗粒与氧化银空心球颗粒流体相比，其升温速率基本相同，所能达到的最高温度稍高一些，达到最高温度、温度保持基本不变所需时长稍长一些；两种流体的降温速率是相同的。这说明银实心球颗粒流体与氧化银空心球颗粒流体的吸热效率基本相同，没有太大差别。

3) 两种实心球颗粒流体进行比较

将银实心球颗粒流体与氧化铝实心球颗粒流体两种流体测得的实验数据进行对比，绘制出相应的曲线图 (图 6.21)，以便于更好地进行对比分析。

通过对比图 6.21 中两种流体的曲线图可以看出，银实心球颗粒流体与氧化铝实心球颗粒流体相比，其升温速率要快很多，所能达到的最高温度也要高很多，达到最高温度、温度保持基本不变所需时长略长一些；两种流体的降温速率有些不同，银实心球颗粒流体降温速率要稍微快一些。这说明银实心球颗粒流体比氧化铝实心球颗粒流体的吸热效率更高。

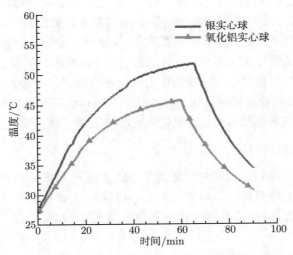

图 6.21 银实心球颗粒流体与氧化铝实心球颗粒流体的对比

4) 三种空心球颗粒流体进行比较

将氧化铝空心球颗粒流体、金空心球颗粒流体与氧化银空心球颗粒流体三种流体测得的实验数据进行对比,绘制出相应的曲线图 (图 6.22),以便于更好地进行对比分析。

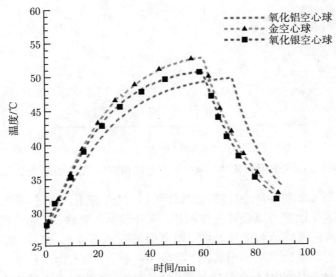

图 6.22 氧化铝空心球颗粒流体、金空心球颗粒流体与氧化银空心球颗粒流体的对比

通过对比图 6.22 中三种流体的曲线图可以看出，金空心球颗粒流体升温速率最快，氧化铝空心球颗粒流体升温速率最慢；金空心球颗粒流体所达到的最高温度是最高的，氧化铝空心球颗粒流体所达到的最高温度是最低的；氧化铝空心球颗粒流体达到最高温度、温度保持基本不变所需时长最长，金空心球颗粒流体和氧化银空心球颗粒流体所需时长基本相同；氧化铝空心球颗粒流体的降温速率最快，金空心球颗粒流体和氧化银空心球颗粒流体的降温速率相同。这说明，氧化铝空心球颗粒流体、金空心球颗粒流体与氧化银空心球颗粒流体这三种空心球颗粒流体中，金空心球颗粒流体的吸热效率最高，氧化铝空心球颗粒流体的吸热效率最低。

6.4.2　混合与单相的对比

1) 氧化铝空心球颗粒流体与氧化铝空心球颗粒 + 银实心球颗粒流体进行对比

将氧化铝空心球颗粒流体与氧化铝空心球颗粒 + 银实心球颗粒流体两种流体测得的实验数据进行对比，绘制出相应的曲线图 (图 6.23)，以便于更好地进行对比分析。

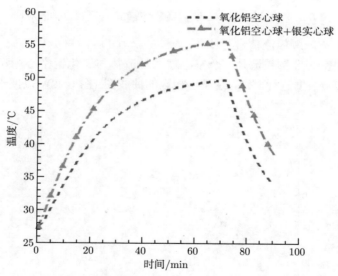

图 6.23　氧化铝空心球颗粒流体与氧化铝空心球颗粒 + 银实心球颗粒流体的对比

通过对比图 6.23 中两种流体的曲线图可以看出，氧化铝空心球颗粒 + 银实心球颗粒流体与氧化铝空心球颗粒流体相比，其升温速率更快，所能达到的最高温度也要高很多，两种流体达到最高温度、温度保持基本不变所需时长基本是一样的，而且两种流体的降温速率基本相同。这说明，在流体中加入由氧化铝空心球颗粒和银实心球颗粒结合成的混合多相的双球纳米颗粒，可以有效地提高太阳能流体的吸热效率。

2) 氧化铝空心球颗粒 + 银实心球颗粒流体与银实心球颗粒流体进行对比

将氧化铝空心球颗粒 + 银实心球颗粒流体与银实心球颗粒流体两种流体测得的实验数据进行对比，绘制出相应的曲线图 (图 6.24)，以便于更好地进行对比分析。

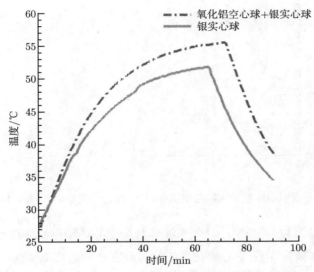

图 6.24　氧化铝空心球颗粒 + 银实心球颗粒流体与银实心球颗粒流体的对比

通过对比图 6.24 中两种流体的曲线图可以看出，氧化铝空心球颗粒 + 银实心球颗粒流体与银实心球颗粒流体相比，其升温速率更快，所能达到的最高温度也要高很多，达到最高温度、温度保持基本不变所需时长也要相对长一些；两种流体的降温速率有些不同，氧化铝空心球颗粒 + 银实心球颗粒流体降温速率稍微快一些。这说明，在流体中加入氧化铝空心球颗粒和银实心球颗粒结合成的混合多相的双球纳米颗粒，可以有效地提高太阳能流体的吸热效率。

3) 银实心球颗粒流体与银实心球颗粒 + 金空心球颗粒流体进行对比

将银实心球颗粒流体与银实心球颗粒 + 金空心球颗粒流体两种流体测得的实验数据进行对比，绘制出相应的曲线图 (图 6.25)，以便于更好地进行对比分析。

通过对比图 6.25 中两种流体的曲线图可以看出，银实心球颗粒 + 金空心球颗粒流体与银实心球颗粒流体相比，其升温速率更快，所能达到的最高温度也要高很多，两种流体达到最高温度、温度保持基本不变所需时长基本是一样的，银实心球颗粒 + 金空心球颗粒流体降温速率要稍快一些。这说明，在流体中加入由银实心球颗粒 + 金空心球颗粒结合成的混合多相的双球纳米颗粒，可以有效地提高太阳能流体的吸热效率。

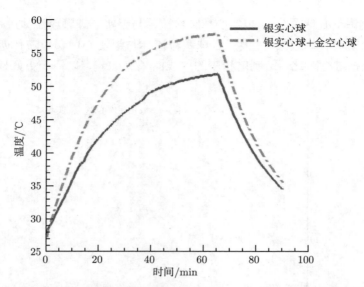

图 6.25　银实心球颗粒流体与银实心球颗粒 + 金空心球颗粒流体的对比

4) 银实心球颗粒 + 金空心球颗粒流体与金空心球颗粒流体进行对比

将银实心球颗粒 + 金空心球颗粒流体与金空心球颗粒流体两种流体测得的实验数据进行对比，绘制出相应的曲线图 (图 6.26)，以便于更好地进行对比分析。

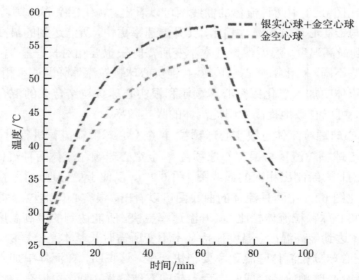

图 6.26　银实心球颗粒 + 金空心球颗粒流体与金空心球颗粒流体的对比

通过对比图 6.26 中两种流体的曲线图可以看出，银实心球颗粒 + 金空心球颗粒流体与金空心球颗粒流体相比，其升温速率更快，所能达到的最高温度也要高很多，达到最高温度、温度保持基本不变的所需时长也要稍长一点；两种流体的降温速率有些不同，银实心球颗粒 + 金空心球颗粒流体降温速率要稍微快一些。这说明，在流体中加入银实心球颗粒 + 金空心球颗粒结合成的混合多相的双球纳米颗粒，可以有效地提高太阳能流体的吸热效率。

5) 氧化银空心球颗粒流体与氧化银空心球颗粒 + 氧化铝实心球颗粒流体进行对比

将氧化银空心球颗粒流体与氧化银空心球颗粒 + 氧化铝实心球颗粒流体两种流体测得的实验数据进行对比，绘制出相应的曲线图 (图 6.27)，以便于更好地进行对比分析。

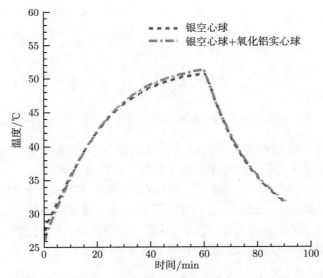

图 6.27 氧化银空心球颗粒流体与氧化银空心球颗粒 + 氧化铝实心球颗粒流体的对比

通过对比图 6.27 中两种流体的曲线图可以看出，氧化银空心球颗粒 + 氧化铝实心球颗粒流体与氧化银空心球颗粒流体相比，其升温速率略快一些，所能达到的最高温度略高出 1°，达到最高温度、温度保持基本不变所需时长是相同的，两条曲线的重合度较高，而且降温速率基本相同。这说明，在流体中加入氧化银空心球颗粒 + 氧化铝实心球颗粒结合成的混合多相的双球纳米颗粒，与在流体中加入氧化银空心球颗粒进行比较，太阳能流体的吸热效率基本没有变化。

6) 氧化铝实心球颗粒流体与氧化银空心球颗粒 + 氧化铝实心球颗粒流体进行对比

　　将氧化铝实心球颗粒流体与氧化银空心球颗粒 + 氧化铝实心球颗粒流体两种流体测得的实验数据进行对比, 绘制出相应的曲线图 (图 6.28), 以便于更好地进行对比分析。

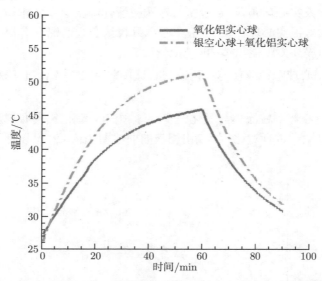

图 6.28　氧化铝实心球颗粒流体与氧化银空心球颗粒 + 氧化铝实心球颗粒流体的对比

　　通过对比图 6.28 中两种流体的曲线图可以看出, 氧化银空心球颗粒 + 氧化铝实心球颗粒流体与氧化铝实心球颗粒流体相比, 其升温速率更快, 所能达到的最高温度也要高很多, 两种流体达到最高温度、温度保持基本不变所需时长基本是一样的; 氧化银空心球颗粒 + 氧化铝实心球颗粒流体降温速率要稍快一些。这说明, 在流体中加入由氧化银空心球颗粒 + 氧化铝实心球颗粒结合成的混合多相的双球纳米颗粒, 可以有效地提高太阳能流体的吸热效率。

6.4.3　综合对比

　　1) 三种混合多相的双球纳米颗粒流体进行对比

　　将氧化铝空心球颗粒 + 银实心球颗粒流体、银实心球颗粒 + 金空心球颗粒流体与氧化银空心球颗粒 + 氧化铝实心球颗粒流体三种流体测得的实验数据进行对比, 绘制出相应的曲线图 (图 6.29), 以便于更好地进行对比分析。

　　通过对比图 6.29 中三种流体的曲线图可以看出, 银实心球颗粒 + 金空心球颗粒流体升温速率最快, 氧化银空心球颗粒 + 氧化铝实心球颗粒流体升温速率最慢; 银实心球颗粒 + 金空心球颗粒流体所达到的最高温度是最高的, 氧化银空心球颗粒 + 氧化铝实心球颗粒流体所达到的最高温度是最低的; 氧化铝空心球颗粒 + 银实心球颗粒流体达到最高温度、温度保持基本不变所需时长最长, 氧化银

空心球颗粒 + 氧化铝实心球颗粒流体达到最高温度、温度保持基本不变所需时长最短；三种流体的降温速率基本相同。这说明，氧化铝空心球颗粒 + 银实心球颗粒流体、银实心球颗粒 + 金空心球颗粒流体与氧化银空心球颗粒 + 氧化铝实心球颗粒流体这三种空心球颗粒流体中，银实心球颗粒 + 金空心球颗粒流体的吸热效率最高，氧化银空心球颗粒 + 氧化铝实心球颗粒流体的吸热效率最低。

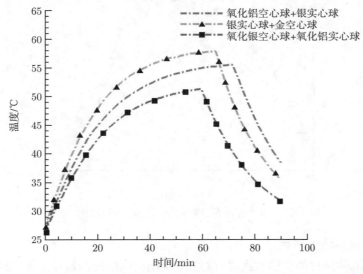

图 6.29 三种混合多相的双球纳米颗粒流体的对比

2) 五种普通颗粒组成的流体进行对比

将氧化铝空心球颗粒流体、银实心球颗粒流体、金空心球颗粒流体、氧化银空心球颗粒流体与氧化铝实心球颗粒流体五种流体测得的实验数据进行对比，绘制出相应的曲线图 (图 6.30)，以便于更好地进行对比分析。

通过对比图 6.30 中五种流体的曲线图可以看出，金空心球颗粒流体升温速率最快，氧化铝实心球颗粒流体升温速率最慢；金空心球颗粒流体所达到的最高温度是最高的，氧化铝实心球颗粒流体所达到的最高温度是最低的；氧化铝空心球颗粒流体达到最高温度、温度保持基本不变所需时长最长，金空心球颗粒流体、氧化银空心球颗粒流体和氧化铝实心球颗粒流体达到最高温度、温度保持基本不变所需时长基本相同且都是最短的；氧化铝空心球颗粒流体降温速率最快，银实心球颗粒流体、金空心球颗粒流体和氧化银空心球颗粒流体的降温速率基本相同，氧化铝实心球颗粒流体降温速率最慢。这说明，氧化铝空心球颗粒流体、银实心球颗粒流体、金空心球颗粒流体、氧化银空心球颗粒流体与氧化铝实心球颗粒流体这五种普通颗粒组成的流体中，金空心球颗粒流体的吸热效率最高，氧化铝实心球颗粒流体的吸热效率最低。

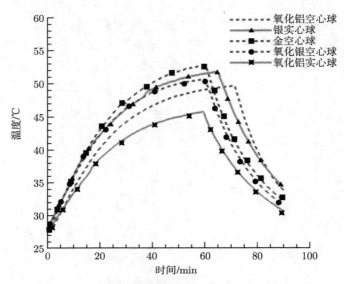

图 6.30　五种普通颗粒组成的流体的对比

3) 八种流体进行对比

将八种流体测得的实验数据进行对比, 绘制出相应的曲线图 (图 6.31), 进行对比分析。

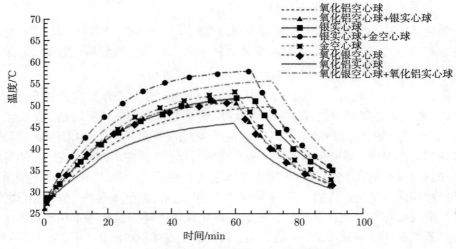

图 6.31　八种流体的对比曲线图

通过对比图 6.31 中八种流体的曲线图可以看出，银实心球颗粒 + 金空心球颗粒流体升温速率最快，氧化铝实心球颗粒流体升温速率最慢；银实心球颗粒 + 金空心球颗粒流体所达到的最高温度是最高的，氧化铝实心球颗粒流体所达到的最高温度是最低的；氧化铝空心球颗粒 + 银实心球颗粒流体达到最高温度、温度保持基本不变所需时长最长，金空心球颗粒流体、氧化银空心球颗粒流体、氧化铝实心球颗粒流体和氧化银空心球颗粒 + 氧化铝实心球颗粒流体达到最高温度、温度保持基本不变所需时长基本相同且最短。这说明了银实心球颗粒 + 金空心球颗粒流体的吸热效率最高，氧化铝实心球颗粒流体的吸热效率最低。

参 考 文 献

[1] Erickson D, Sinton D, Psaltis D. Optofluidics for energy applications. Nature Photonics, 2011, 5(10): 583.

[2] Das S K, Choi S U S, Yu W H, et al. Nanofluids: Science and Technology. New Jersey: Wiley -Interscience, 2007.

[3] Sardarabadi M, Passandideh-Fard M, Maghrebi M J, et al. Experimental study of using both ZnO/water nanofluid and phase change material (PCM) in photovoltaic thermal systems. Solar Energy Materials and Solar Cells, 2017, 161: 62-69.

[4] Dong S L, Chen X D. An improved model for thermal conductivity of nanofluids with effects of particle size and Brownian motion. Journal of Thermal Analysis and Calorimetry, 2017, 129(2): 1255-1263.

[5] Dong S L, Cao B Y, Guo Z Y. Numerical investigation of nanofluid flow and heat transfer around a calabash-shaped body. Numerical Heat Transfer, Part A, 2015, 68(5): 548-565.

[6] Ravisankar R, Venkatachalapathy V S K, Alagumurthy N, et al. A Review on Oxide and metallic from of nanoparticle in heat transfer. International Journal of Engineering Science & Technology, 2014, 6(3): 63.

[7] Dong S L, Zheng L C, Zhang X X. Heat transfer enhancement in microchannels utilizing Al_2O_3-water nanofluid. Heat Transfer Research, 2012, 43(8): 695-707.

[8] Menbari A, Alemrajabi A A, Rezaei A. Experimental investigation of thermal performance for direct absorption solar parabolic trough collector (DASPTC) based on binary nanofluids. Experimental Thermal and Fluid Science, 2017, 80: 218-227.

[9] Arthur O, Karim M A. An investigation into the thermophysical and rheological properties of nanofluids for solar thermal applications. Renewable and Sustainable Energy Reviews, 2016, 55: 739-755.

[10] Delfani S, Karami M, Akhavan-Behabadi M A. Performance characteristics of a residential type direct absorption solar collector using MWCNT nanofluid. Renewable Energy,

2016, 87: 754-764.

[11] Kelly K L, Coronado E, Zhao L L, et al. The optical properties of metal nanoparticles: the influence of size, shape, and dielectric environment. Cheminform, 2003, 34(16): 668-677.

[12] Chen Z T, Gao L. A new route toward ZnO hollow spheres by a base-erosion mechanism. Crystal Geowht and Design, 2008, 8(2): 460-464.

[13] Sun X M, Li Y D. Ga_2O_3 and GaN Semiconductor Hollow Spheres. Angewandte Chemie, 2004,43: 3827-3831.

[14] Ding X F,Yu K F, Jing Y Q, et al. A novel approach to the synthesis of hollow silica nanoparticles. Materials Letters, 2004, 58: 3618-3621.

[15] Zhong Z Y, Yin Y D, Gates B, et al. Preparation of mesoscale hollow spheres of TiO_2 and SnO_2 by templating against crystalline arrays of polystyrene beads. Advanced Materials, 2000, 12(3): 206-209.

[16] Sasaki T, Watanab M. Titanium dioxide hollow misceospheres with an extremely thin shell. Chemistry of Material, 1998, 10(12): 3780-3782.

[17] Xia Y D, Mokaya R. Holoe spheres of crystalline porous metal oxides: A generalized synthesis route via nanocasting with mesoporous carbon hollow shalls. Journal of Materials Chemistry, 2005, 15(30): 3126-3131.

第 7 章   基于纳米流体的光伏光热耦合分析

纳米流体可以直接用于太阳能吸收，比如集热以及储能等。它还可用于与光伏的结合，一方面吸收不能使光伏发电的部分太阳光红外辐射；另一方面，由于其热导率较高，可以收集光伏板的余热，同时保证光伏正常工作。本章主要通过选取氧化铝、氧化铜、氧化硅等多元的纳米颗粒流体进行实验研究，对比分析它们的光伏光热耦合的性能。

7.1   传统的光伏光热系统

7.1.1   传统的光伏光热

20 世纪 70 年代中期，Wolf[1] 首先将太阳能光热系统和光伏系统耦合在一个单元，整合的系统可以同时产生热量和发电。整合系统的主要目的是通过提取光伏过程中的余热从而提高电效率，该综合单元被称为光伏光热系统。光伏板热系统中，光伏板通常维持在较低的温度，可以防止硅衰减，使光伏的效率更高，寿命更长。在普通光伏光热系统基础上，后来发展了分频式系统，即光伏板上方增加可以吸收不同频率光的器件。分频式光伏光热系统还处于发展阶段，主要分为两种：一种是基于固体薄膜的分频式技术，另一种则是基于流体吸收过滤的分频系统。

基于流体吸收的光伏光热系统，其性能主要取决于传输热量的流体。传统上，一般将空气和水用作光伏光热系统中的传热流体。在最近的几十年，研究人员已经对传统的基于液体的光伏光热系统优化进行了大量的研究工作。在基于空气的光伏光热系统中，空气采用主动或被动的方式通过光伏板表面，使用单通或双通的通道模式通过不同的吸收器配置。许多研究人员在早期的对基于空气的光伏光热系统研究工作主要是优化设计、操作和更新材料; 同时在科研报道中也有一些研究工作是关于模拟和数值模型的发展。

Sopian 等 [2] 设计和分析了空气加热器单程和双程的光伏光热系统，其报告总结了关于性能设计的两种情况。Sopian 等也对光伏光热空气加热器系统进行了有关流量值、填充因子、收集器长度和管道深度的研究，他们证实了单程的热效率为 24%～28% 和总和效率为 25%～30%，双通道的热效率为 32%～34% 和总和效率为 40%～45%，光伏光热空气加热器系统的综合效率达到 45%，并且观察到光伏电池双程系统的效率与单程光伏光热空气加热器系统相比来说会更高。

　　Garg 和 Adhikari[3] 开发和模拟了混合型光伏光热空气模型。在此之前，研究人员着重于优化光伏光热系统基本设计的方面，他们研究了基本光伏光热系统的许多重要变量，如日晒、风速、变化的大气条件等。Jin 等 [4] 研究出将单通道矩形隧道吸收器设计在下面的光伏光热系统，并获得比传统的光伏光热系统更高效率的新系统。

　　由于空气的一些局限性，如低密度、低热量携带能力等，基于空气的光伏光热系统不能在高温下有效地工作 [5,6]。与空气相比，水能携带比较大的热量，水热交换器系统的额外的成本需要加到基本的光伏光热系统上。Yazdanifard 等 [7] 做了水基平面的数值模拟，分别研究了带有和不带玻璃盖的平板式光伏光热系统，考虑了层流和动荡在分析过程中的影响，考虑了各种参数的影响，例如太阳辐照、收集器长度、管道直径、包装管道的因素和数量。据观察，总能量和效率随着太阳辐射的增加而增加，无釉系统的最佳质量流量是最大的。文献中也对数值结果进行了比较，证实了在大多数情况下在湍流状态下总能量的效率较高 [8]，总效率在层流状况下更好。

　　过去的研究中，很少有研究人员在已知的单个光伏光热系统中使用两种流体作为双流式光伏光热系统。水和空气都被大部分研究人员研究使用过，研究显示系统同时生产热风、热水和电力，他们克服了空气光伏光热和水基光伏光热系统的限制。

　　Bakar 等 [9] 设计并改进了双流体光伏光热系统与水和空气两者的加热组件。他们开发了使用热模型有限差分法，并用矩阵求解开发模型反演方法，然后模拟独立流体以及双流体。他们发现：热电组合通过改变水和空气的流量来计算效率，在热电的热效率相当、最佳质量流量下，等效热效率为 76%。

7.1.2　基于纳米流体对的分频式光伏光热系统

　　Choi 和 Eastman[10] 首先引入了纳米流体来增强传统传热流体的热导率。纳米流体一般是指，在常规基础流体，如水、乙二醇和油中添加尺寸小于 100nm 的纳米颗粒。在过去的二十年中，纳米流体的应用可以在生活中的很多方面找到。纳米流体基本上都是热传递流体，因此可以有效地用于各种太阳能转换系统。研究人员正在研究在太阳能系统中作为传热流体适用光学滤光片的纳米流体，观察到纳米流体的性质是随着纳米粒子类型的不同 [11,12]，以及纳米粒子和基液的体积分数、粒径、基液等的变化而发生变化的 [13]。

　　Xu 和 Kleinstreuer[14] 使用纳米流体作为光伏光热系统加热和冷却的介质。在不同的气候条件下同时计算电和热，可以观察到，在使用受控流量时出口处纳米流体的温度是 62℃，系统总体效率达到 70%，电效率为 11% 和 59% 的热效率。Sardarabadi 等 [15] 实验研究了 "氧化硅–水" 纳米流体作为冷却剂的光伏光热系统的性能，其报告显示：光伏光热系统输出的电能可以被转换成等效的热能，据观察得到，质量分数为 1%纳米颗粒的整体能量转换效率提高了 3.6%，质量分数为 3%纳米颗粒的能量转换效率提高了 7.9%。

Karami Rahimi[16] 使用勃姆石纳米流体 (AlOOH–水) 以及设计直通道和螺旋通道配置用于光伏电池冷却。设计直通道用于光伏电池使其平均温度减少了 39.70%，使用螺旋道使其平均温度减少了 53.76%，通道中纳米流体的质量分数为 0.1%。使用直通道和螺旋通道的光伏电池冷却的效率分别为 20.57% 和 37.67%。

Jing 等 [17] 通过一步溶胶凝胶合成了具有 5~50nm 的不同尺寸的氧化硅纳米粒子。采用计算流体力学工具对设计的光伏光热系统进行了分析，他们发现：5nm 粒径，2%体积浓度的纳米粒子，40 的聚光比和 0.015m/s 的流量是最佳的参数，与去离子水相比提供了多达 7%的效率。在取最佳的系统参数的条件下，纳米流体导热系数的增加可达 20%。

7.2 物理模型和实验准备

7.2.1 物理模型

根据实验的研究目的以及研究方向，纳米流体不仅用于吸收太阳能而且还用作传热储热介质 [18,19]，构建出如图 7.1 所示的光伏光热模型进行太阳能的综合利用。该简易模型的物理过程如下：当阳光垂直入射后首先经过第一层纳米流体，该纳米流体层会吸收部分太阳能，这部分模型作为太阳能收集器的热系统；未被吸收的太阳能会入射到太阳能光伏电池板上，此时太阳能光伏板会产生电能以及热能，

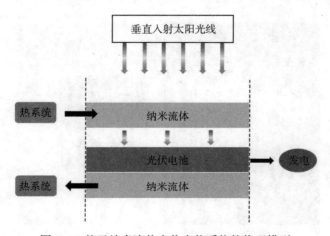

图 7.1　基于纳米流体光伏光热系统的物理模型

光伏电池产生的额外热量会被第二层纳米流体所吸收,从光伏电池传递到纳米流体的热量可用于热利用。

7.2.2　实验仪器和材料

首先需要制备不同种类的纳米流体,实验分别选取添加了碳、氧化铜、氧化铝、氧化硅、石墨等纳米颗粒的流体,基液为去离子水。5 种纳米流体的体积分数均为 1%,根据计算得出质量分数。实验中每种纳米流体总共需要 100g,光伏面板上下分别选用 50g。将去离子水分别与碳、氧化铜、氧化铝、氧化硅、石墨等纳米颗粒按质量分数进行配比。取实验所需的纳米流体进行超声振荡 2h,最终得到如图 7.2 所示的纳米流体。

图 7.2　实验选用的纳米流体

本实验选用的实验设备主要有氙灯、光伏板、玻璃容器、变压器、万能表、热电偶和红外测温仪等。部分实验器材如图 7.3 所示。

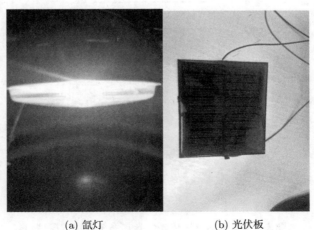

(a) 氙灯　　　　　　　　　　(b) 光伏板

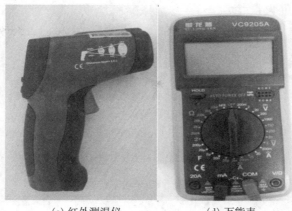

(c) 红外测温仪   (d) 万能表

图 7.3　部分实验器材

　　根据实验物理模型以及实验要求搭建好实验平台，实验对象示意图如图 7.4 所示。

图 7.4　实验对象示意图

　　实验根据纳米流体的种类共分为五组，每组实验时长相同，用热电偶记录数据。为了防止实验误差较大，在纳米流体配置以及温度测量时都要严格按照相同条件进行操作，在下层纳米流体铺设泡沫板以防止热损失。在实验过程中同时要测量电压以及电流，方便计算光伏板的功率。

7.3　结果和数据分析

7.3.1　物理参数和计算公式

　　纳米流体的物性参数与纳米粒子的体积份额 φ 有关。

纳米流体的密度为

$$\rho_{\mathrm{nf}} = (1 - \varphi)\rho_{\mathrm{f}} + \varphi\rho_{\mathrm{s}} \tag{7.1}$$

纳米流体的等压比热表示如下：

$$(\rho C_{\mathrm{p}})_{\mathrm{nf}} = (1 - \varphi)(\rho C_{\mathrm{p}})_{\mathrm{f}} + \varphi(\rho C_{\mathrm{p}})_{\mathrm{s}} \tag{7.2}$$

纳米流体的密度、等压比热可由式 (7.1)、式 (7.2) 近似。基础流体和纳米粒子的物性参数见表 7.1。这里采用的是氧化铜和氧化硅等五种纳米粒子。

表 7.1　基础流体和纳米粒子的物性参数

材料	碳	氧化铜	氧化铝	氧化硅	石墨	水	玻璃
密度 $\rho/(\mathrm{kg/m^3})$	2260	8933	3880	6320	2281	1000	2220
比热容 $C_{\mathrm{p}}/(\mathrm{J/kg\cdot K})$	502	418	729	722	710	4186	745

7.3.2　实验结果和分析

对于纳米流体而言，其液体吸收能量计算公式为

$$Q = C_{\mathrm{p}} \times M \times \Delta t \tag{7.3}$$

其中，Q 为液体所吸收热量；M 为液体质量；Δt 为液体温差；C_{p} 为纳米流体比热容。

而对于混合溶液，可以根据混合溶液各组分的质量分数得到混合液的比热容，其计算公式为

$$C_{\mathrm{pm}} = C_{\mathrm{p1}} \times m_1\% + C_{\mathrm{p2}} \times m_2\% \tag{7.4}$$

其中，C_{pm} 为混合液体比热容；C_{p1}, C_{p2} 分别为两种混合物的比热容；$m_1\%$, $m_2\%$ 分别为两种混合物的质量分数。

电功率公式：

$$P = U \times I \tag{7.5}$$

其中，P 为电功率；U 为电压；I 为电流。

热功率公式：

$$P_Q = \frac{Q}{t} \tag{7.6}$$

其中，P_Q 为功率；Q 为所吸收热量；t 为时间。

氧化铝纳米流体的温度随时间的变化如图 7.5 所示。表 7.2 给出的是基于氧化铝纳米流体的测量结果。根据实验所得氧化铝纳米流体的实验数据进行计算：

氧化铝纳米流体混合液的比热容为

$$C_{\mathrm{pAl_2O_3}} = 729 \times 3.885\% + 4186 \times 96.115\% \approx 4052$$

混合液所吸收的热量为

$$Q = C_{\mathrm{p}} \times M \times \Delta t = 4052 \times 0.05 \times [(38.35 - 25.95) + (36.80 - 27.70)] = 4355.9\mathrm{J}$$

热功率为

$$p_Q = \frac{Q}{t} = \frac{4355.9}{3510} \approx 1.241\mathrm{W}$$

电功率为

$$P = U \times I = 6.05 \times 0.0174 \approx 0.105\mathrm{W}$$

系统的总功率为

$$P_{\text{总}} = P_Q + P = 1.346\mathrm{W}$$

根据计算可得,以氧化铝纳米流体为工质系统的总功率为 1.346W。

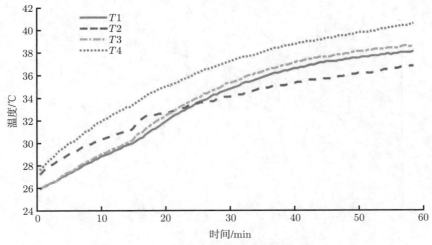

图 7.5   氧化铝纳米流体的温度随时间的变化

表 7.2   基于氧化铝纳米流体的测量结果

流体	初始温度/℃	最后温度/℃	平均电压/V	平均电流/mA
上层纳米流体	25.95	38.35	6.05	17.4
下层纳米流体	27.70	36.80		

氧化硅纳米流体的温度随时间的变化如图 7.6 所示。表 7.3 给出的是基于氧化硅纳米流体的测量结果。根据实验所得氧化硅纳米流体的实验数据进行计算:

氧化硅纳米颗粒混合液的比热容为

$$C_{\mathrm{pSiO_2}} = 722 \times 2.174\% + 4186 \times 97.826\% \approx 4111$$

混合液所吸收的热量为

$$Q = C_{\mathrm{p}} \times M \times \Delta t = 4111 \times 0.05 \times [(44.85 - 24.45) + (48.10 - 26.20)] = 8695 \mathrm{J}$$

热功率为

$$P_Q = \frac{Q}{t} = \frac{8695}{3510} \approx 2.477 \mathrm{W}$$

电功率为

$$P = U \times I = 6.08 \times 0.02178 \approx 0.132 \mathrm{W}$$

系统的总功率为

$$P_{\text{总}} = P_Q + P = 2.609 \mathrm{W}$$

根据计算可得，以氧化硅纳米流体为工质系统的总功率为 2.609W。

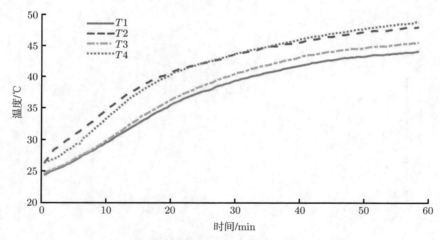

图 7.6 氧化硅纳米流体的温度随时间的变化

表 7.3 基于氧化硅纳米流体的测量结果

流体	初始温度/°C	最后温度/°C	平均电压/V	平均电流/mA
上层纳米流体	24.45	44.85	6.08	21.78
下层纳米流体	26.20	48.10		

    氧化铜纳米流体的温度随时间的变化如图 7.7 所示。表 7.4 给出的是基于氧化铜纳米流体的测量结果。根据实验所得氧化铜纳米流体的实验数据进行计算：

氧化铜纳米颗粒混合液的比热容为

$$C_{pCuO} = 418 \times 5.996\% + 4186 \times 94.004\% \approx 3960$$

混合液所吸收的热量为

$$Q = C_p \times M \times \Delta t = 3960 \times 0.05 \times [(47.7 - 27.6) + (29.6 - 27.3)] = 4435.2J$$

热功率为

$$P_Q = \frac{Q}{t} = \frac{4355.2}{3510} \approx 1.264W$$

电功率为

$$P = U \times I = 4.38 \times 0.000834 \approx 0.0036W$$

系统的总功率为

$$P_{总} = P_Q + P = 1.268W$$

根据计算可得,以氧化铜纳米流体为工质系统的总功率为 1.245W。

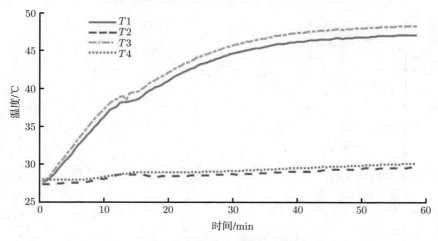

图 7.7 氧化铜纳米流体的温度随时间的变化

表 7.4 基于氧化铜纳米流体的测量结果

流体	初始温度/℃	最后温度/℃	平均电压/V	平均电流/mA
上层纳米流体	27.6	47.7	4.38	0.834
下层纳米流体	27.3	29.6		

碳纳米流体的温度随照射时间的变化如图 7.8 所示。表 7.5 给出的是基于碳纳米流体的测量结果。根据实验所得碳纳米流体的实验数据进行计算:

碳纳米颗粒混合液的比热容为

$$C_{p碳} = 502 \times 2.232\% + 4186 \times 97.768\% \approx 4103.8$$

混合液所吸收的热量为

$$Q = C_{p} \times M \times \Delta t = 4104.2 \times 0.05 \times [(55.7 - 25.3) + (31.3 - 26.0)] = 7325.3\text{J}$$

热功率为

$$P_Q = \frac{Q}{t} = \frac{7326.0}{3510} \approx 2.087\text{W}$$

电功率为

$$P = U \times I = 4.75 \times 0.001384 \approx 0.0066\text{W}$$

系统的总功率为

$$P_{总} = P_Q + P = 2.094\text{W}$$

根据计算可得，以碳纳米流体为工质系统的总功率为 2.094W。

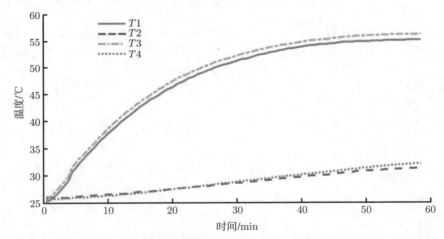

图 7.8   碳纳米流体的温度随照射时间的变化

表 7.5   基于碳纳米流体的测量结果

流体	初始温度/°C	最后温度/°C	平均电压/V	平均电流/mA
上层纳米流体	25.3	55.7	4.75	1.384
下层纳米流体	26.0	31.3		

石墨纳米流体的温度随照射时间的变化如图 7.9 所示。表 7.6 给出的是基于石墨纳米流体的测量结果。根据实验所得石墨纳米流体的实验数据进行计算：

石墨纳米颗粒混合液的比热容为

$$C_{\text{p石墨}} = 710 \times 2.222\% + 4186 \times 97.778\% \approx 4109$$

混合液所吸收的热量为

$$Q = C_{\text{p}} \times M \times \Delta t = 4109 \times 0.05 \times [(53.80 - 26.15) + (30.00 - 26.60)] = 6379.2\text{J}$$

热功率为

$$P_Q = \frac{Q}{t} = \frac{6379.2}{3510} \approx 1.817\text{W}$$

电功率为

$$P = U \times I = 3.40 \times 0.000341 \approx 0.0012\text{W}$$

系统的总功率为

$$P_{\text{总}} = P_Q + P = 1.818\text{W}$$

根据计算可得,以石墨纳米流体为工质系统的总功率为 1.818W。

根据上面 5 种体积分数均为 1% 的纳米流体的实验数据、温度变化以及计算结果,可以得出以下结论:

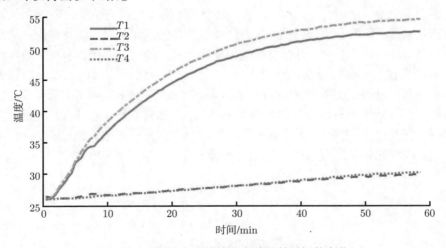

图 7.9 石墨纳米流体的温度随照射时间的变化

表 7.6 基于石墨纳米流体的测量结果

	初始温度/°C	最后温度/°C	平均电压/V	平均电流/mA
上层纳米流体	26.15	53.80	3.40	0.341
下层纳米流体	26.60	30.00		

(1) 使用氧化硅纳米流体为光伏光热系统的集热工质时，其集热系统效率最高。

(2) 使用氧化硅纳米流体为光伏光热系统的集热工质时，其光伏系统效率也最高。

(3) 使用氧化铝纳米流体为光伏光热系统的集热工质时，下层纳米流体温度 $T2$ 在初始温度高于上层纳米流体温度 $T1$ 与 $T3$ 初始温度的情况下，随时间的变化，会有交叉点，即 $T2$ 温度上升速率低于 $T1$ 与 $T3$ 温度上升速率。分析可知，经过上层纳米流体的热吸收和光伏板的能量吸收，太阳光的能量的绝大部分已经被利用，这恰恰体现了光伏光热系统相对于传统集热器系统的优越性。

(4) 使用氧化硅纳米流体为光伏光热系统的集热工质时，下层纳米流体温度 $T2$ 与光伏板表面温度 $T4$ 初始温度基本一样只是略低一些，随时间变化，$T2$ 与 $T4$ 有交叉点，即 $T4$ 温度上升速率低于 $T2$ 温度上升速率。分析可知，由于氧化硅纳米流体为光伏光热系统的集热工质时，其集热系统效率最高，导致只有少量能量照射到光伏板面，也就是说氧化硅纳米流体的吸热效率高。至于 $T2$ 后来会升高则是因为下层氧化硅纳米流体吸收了空间中逸散的能量，出现实验误差。

7.4   本 章 小 结

照射在光伏电池上的所有太阳光不能全部转换为电能，导致太阳能光伏面板表面产生余热，影响其工作性能。作为热传递流体的纳米流体，其具有优异的传热性能和良好的光吸收性能，可以有效地用于各种太阳能转换系统。本章从纳米流体与太阳能光伏光热系统结合的角度出发，研究将不同纳米流体用于直接吸收太阳能和收集余热从而提高系统的综合利用效率。实验研究了碳、石墨、氧化铜、氧化硅和氧化铝等纳米颗粒用于光伏光热系统的情况。结果表明，使用纳米流体可以显著提高系统性能，其中加入氧化硅纳米流体的分频式光伏光热系统，其综合利用效率最高。该研究对于提高光伏光热耦合系统的效率具有一定的促进作用。

参 考 文 献

[1] Wolf M. Performance analyses of combined heating and photovoltaic power systems for residences. Energy Conversion, 1976, 16(1-2): 79-90.

[2] Sopian K, Yigit K S, Liu H T, et al. Performance analysis of photovoltaic thermal air heaters. Energy Conversion and Management, 1996, 37(11): 1657-1670.

[3] Garg H P, Adhikari R S. Conventional hybrid photovoltaic/thermal (PV/T) air heating collectors: steady-state simulation. Renewable Energy, 1997, 11(3): 363-385.

[4] Jin G L, Ibrahim A, Chean Y K, et al. Evaluation of single-pass photovoltaic-thermal

air collector with rectangle tunnel absorber. American Journal of Applied Sciences, 2010, 7(2): 277.

[5] Tripanagnostopoulos Y. Aspects and improvements of hybrid photovoltaic/thermal solar energy systems. Solar Energy, 2007, 81(9): 1117-1131.

[6] Besheer A H, Smyth M, Zacharopoulos A, et al. Review on recent approaches for hybrid PV/T solar technology. International Journal of Energy Research, 2016, 40(15): 2038-2053.

[7] Yazdanifard F, Ebrahimnia-Bajestan E, Ameri M. Investigating the performance of a water-based photovoltaic/thermal (PV/T) collector in laminar and turbulent flow regime. Renewable Energy, 2016, 99: 295-306.

[8] Dong S L, Wu S P, A modified Navier-Stokes equation for incompressible fluid flow, Procedia Engineering, 2015, 126: 169-173.

[9] Bakar M N A, Othman M, Din M H, et al. Design concept and mathematical model of a bi-fluid photovoltaic/thermal (PV/T) solar collector. Renewable Energy, 2014, 67: 153-164.

[10] Choi S U S, Eastman J A. Enhancing thermal conductivity of fluids with nanoparticles. Argonne National Lab., IL (United States), 1995.

[11] Dong S L, Zheng L C, Zhang X X, et al, Improved drag force model and its application in simulating nanofluid flow. Microfluidics and Nanofluidics, 2014, 17: 253-261.

[12] Dong S L, Zheng L C, Zhang X X, et al, A new model for Brownian force and the application to simulating nanofluid flow, Microfluidics and Nanofluidics, 2014, 16: 131-139.

[13] Dong S L, Zheng L C, Zhang X X, Heat transfer enhancement in microchannels utilizing Al2O3-water nanofluid. Heat Transfer Research, 2012, 43(8): 695-707.

[14] Xu Z, Kleinstreuer C. Concentration photovoltaic–thermal energy co-generation system using nanofluids for cooling and heating. Energy Conversion and Management, 2014, 87: 504-512.

[15] Sardarabadi M, Passandideh-Fard M, Heris S Z. Experimental investigation of the effects of silica/water nanofluid on PV/T (photovoltaic thermal units). Energy, 2014, 66: 264-272.

[16] Karami N, Rahimi M. Heat transfer enhancement in a PV cell using Boehmite nanofluid. Energy Conversion and Management, 2014, 86: 275-285.

[17] Jing D, Hu Y, Liu M, et al. Preparation of highly dispersed nanofluid and CFD study of its utilization in a concentrating PV/T system. Solar Energy, 2015, 112: 30-40.

[18] Dong S L, Liu Y F. Investigation on the photophoretic lift force acting upon particles under light irradiation, Journal of Aerosol Science, 2017, 113: 114-118.

[19] Dong S L, Liu Y F, Zhang N, et al, Theoretical study of thermophoretic impulsive force exerted on a particle in fluid.Journal of Molecular Liquids, 2017, 241: 99-101.

第 8 章　太阳能光伏–热电耦合优化

　　为提高太阳能光伏电池发电效率,目前运用较多的方法是,在光伏板背面增加一个热电模块利用其热能,以及使用光子晶体转换部分太阳光的频率。本章主要是受到这两种方法的启发,设计出了两种太阳能光伏发电结构并对其可行性进行了实验验证。这两种结构分别属于太阳能光伏–热电模块结构和太阳能光伏–频率转换模块结构,这里对这两种结构在不同负载下的发电功率进行了测量。实验结果表明,这两种结构都可以达到提高太阳能综合发电效率的作用,光伏–热电模块结构具有较好的效果,光伏–频率转换模块易于进一步改进。另外,还对其后续的优化设计提供了一些建议。

8.1　光伏–热电耦合

　　热电材料是一种能将电能和热能相互转换的功能性材料,且具有全固态、体积小、可靠性高、无噪声、无污染等优点。在能源问题和环境污染问题得到日益关注的今天,热电材料的运用具有广阔的前景,它在太阳能光伏电池中的潜在发展也得到了世界各国学者的关注。因此,研究出高性能的热电材料也是本领域现在需要攻克的难点和重点任务 [1]。热电材料以其巨大的发展优势受到科学家的青睐,近年来纳米材料制备技术的不断发展为制备高性能的热电材料提供了可能。热电材料的发展取得了重大的突破,高性能热电材料必将应运而生 [2]。除此之外,光子晶体等将某一波长的光转化为其他波长的光的上转换材料也得到了飞速的发展。这些理论的进步都为提高太阳能发电效率提供了理论基础。

　　国内学者对太阳能的综合发电效率的提高做了较多研究,比如武汉理工大学能源与动力工程学院的张栗源等 [3] 构建了一种新型聚光型太阳能热电转换系统模型,研究了半导体材料的聚热比、基材类型及尺寸等因素的改变而引起的热电转换效率、输出功率、开路电压等发电参数的变化规律。这一结果必将在半导体的热电转换系统中起到巨大作用,成为其设计和优化的重要参考。华侨大学信息科学与工程学院的廖天军等 [4] 建立了光伏–温差热电混合发电模块的数学模型,由此推导了它的效率和输出功率的计算公式,并对这一系统进行了模拟和实验,从而得到了此模块的性能特征。由此可以得到如下结论:利用混合发电模块能够达到能源梯级利用的结果,可以提高太阳能系统的输出功率和效率,达到提高太阳能利用率的作用。电子科技大学的张传波 [5] 设计了一种热电–光电复合光阳极结构,将四种不同

质量的热电材料 $NaCo_2O_4$ 纳米纤维掺杂到 TiO_2 光阳极中得到热电–光电纳米纤维结构复合光阳极,并组装成太阳能电池测试其光电性能。结果表明,当 $NaCo_2O_4$ 纳米纤维的掺杂质量为 0.3wt％时,电池的转换效率达到 9.1％,比纯 TiO_2 光阳极太阳能电池的转换效率提高了 8.7％。廖天军 [6] 建立了光伏电池与半导体温差热电器的混合发电系统模型,获得了混合系统的最佳工作参数。上海太平洋能源中心的许鹰 [7] 研究了一种新型的复合太阳能热电结构,其原理是利用环形热管来达到降低光伏板温度的作用,此结构可以很好地提高太阳能的利用率。为了验证其可行性,他们搭建了实验平台,对太阳能热电系统的稳定性进行了探索测试,对空气流速、空气温度、太阳辐射强度等环境因素做了详细的实验分析。东北工业大学的梁秋艳 [8] 将聚光集热与半导体温差发电技术相结合,设计聚光太阳能温差发电装置,对此结构中有关的热电耦合性能和关键技术做了很好的探究。

国际上的众多学者也对太阳能光伏–热电系统做出优化改进。Teffah 和 Zhang[9] 在光伏–热电 (PV-TE) 系统中,做了一种用于高聚光比太阳能转化为电能的新型组合的实验研究,提高了混合系统的整体效率,实验结果和模拟结果十分匹配。Hajji 等 [10] 研究了新的基于间接 (而非直接) 光伏和热电耦合的能量效率。计算结果表明,这种间接耦合是使太阳能利用最大化的有效替代方案,可能对未来的光伏发展前景有重要意义。Mohsenzadeh 和 Shafii[11] 提出了一种光伏/集热器的抛物槽新结构,并对其热性能和电性能进行了实验研究,使得系统的性能显著增强。奥尔堡大学物理与纳米技术系的 Skjø1strup 和 Søndergaard[12] 研究了用于混合热电光伏太阳能装置的多层薄膜光谱分束器的设计和优化。Narducci 和 Lorenzi[13] 讨论了使用热电发生器收集光伏电池释放的热量转换增强的装置,分析认定,串联光伏–热电电池不仅可以提高现有太阳能电池的转化率,而且还可以降低光伏材料的使用成本。

太阳能光伏板在利用太阳能中,只有 20％的太阳能转化为电能,其他的能量都以热量的形式散失了 [14],这与太阳能热发电技术不同 [15]。利用光伏发电过程中无法利用的光和期间产生的和冷却在期间温度升高的光伏板并且发电,通过提高热电转化过程的效率来提高总体的发电效率是要重点研究的问题。本章主要是通过设计新的结构来达到提高太阳能光伏发电效率的目的。

8.2　模块简介

为提高太阳能的发电效率,设计中涉及三个重要模块,分别是太阳能光伏模块、热电模块、频率转换模块。其中,光伏模块的主要作用是利用光生伏特原理将太阳能转化为电能,热电模块的作用是将太阳光引起的温差转化为电能的装置,频率转换模块是将太阳光的频率改变,将不能被光伏板吸收的频率段转换为可被吸收的频率段。通过三个模块的组装设计来达到提高太阳能发电效率的作用,下面对各个模块进行简单介绍。

8.2.1 光伏模块

众所周知,太阳能光伏发电是利用半导体的光生伏特效应,从而将光转化为电的一种方式。太阳能光伏发电以其无污染、无噪声、适用场合广等优势而具有广阔的发展前景。目前光伏发电技术应用十分广泛,不管是航空航天等高端科技,还是儿童玩具等生活用品,都随处可见太阳能光伏发电的身影。

太阳能光伏发电最基本的元件是太阳能光伏片,其分类有单晶硅太阳能光伏板、多晶硅太阳能电池板、非晶硅太阳能光伏板和薄膜太阳能片等四种。目前使用最多的是单晶硅太阳能光伏板和多晶硅太阳能电池板。单晶硅电池与多晶硅电池相比,单晶硅的转化效率要大一些,因此本次的设计选用单晶硅太阳能光伏板作为太阳能发电板。光伏板作为设计中重要的组成部分,为了排除不同大小、不同形状的光伏板对实验结果的影响,选用了不同大小和形状的三块光伏板作对比。图 8.1为本次设计所用的三块单晶硅光伏板。

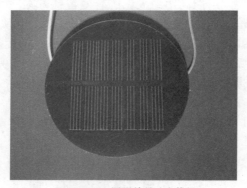

(a) Φ25mm 圆形单晶硅光伏板

(b) 55mm×55mm 方形单晶硅光伏板

(c) 110m×80mm 矩形单晶硅光伏板

图 8.1　本次设计所用的三块单晶硅光伏板

8.2.2　热电模块

　　热电模块是此次设计的重要组成部分，热电模块通过太阳能转化为热能产生的温差发电来提高太阳能电池板发电效率的。热电模块工作时主要运用的原理是热电效应，而热电效应是由一系列复杂的效应综合起来产生的，这里采用的材料其中起作用的是塞贝克效应。塞贝克效应是两种不同金属材料组成的回路中，如果存在温度差，回路中就会产生电流，这就是热电材料的工作原理。只要热电器件的一端接收太阳光的照射而产生热量成为热端，另一端运用合理的方式进行冷却成为冷端，这样回路中就会产生电流。运用此原理即构成了设计的热电模块。

　　本次的设计选用 SP1848-27145 型温差发电片作为热电模块，其主要组成为碲化铋，其尺寸为 40mm×40mm×3.6mm，其原始形貌如图 8.2 所示。为了达到更好的发电效率，在其热端贴了一层石墨贴纸以使其更好地吸收太阳光，另一端

图 8.2　SP1848-27145 型温差发电片原始图

贴了散热片以达到冷却的作用，这样就可以大大提高冷热两端的温差，以达到更好的效果，组装的热电模块如图 8.3 所示。除此之外，为了达到更好的冷却效果，还准备了水冷装置，如图 8.4 所示。

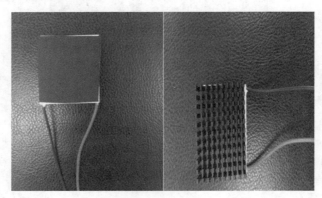

图 8.3   加石墨贴纸和散热片的热电模块

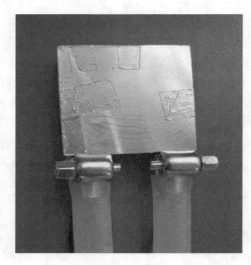

图 8.4   加水冷装置的热电模块

由于所用的热电模块为自行组装，所以在进行组装完成后对其发电性能进行了实验分析。由于其加入石墨贴纸和两种不同的冷却装置后其性能可能发生变化，因此测试了能用到的不同温差下此组装热电模块的发电电压，由测试结果可以看出，热电模块的发电电压与热电模块两端的温度差成正比，温差越高，其发电电压越大。因此可以进一步推断，运用水冷的热电模块的发电效率会高于空冷 (直接加散热片的装置) 的发电效率。

8.2.3　频率转换模块

太阳光中只有一部分可以被光伏板利用，其余部分都不能被利用，因此通过一定的方法将太阳光中不能够利用的部分转换为光伏板可以利用的频谱，成为提高太阳能电池板发电效率的一个重要的方法。到达地表的太阳光的波长范围是290~1700nm，其中，400~760nm 的部分为可见光部分，小于 400nm 的部分为紫外光部分，大于 760nm 的部分为红外光部分。光伏板可以吸收的太阳光波长为320~1100nm。可以发现，太阳能光伏板吸收的主要为可见光和近红外光部分，因此将其余无法利用的光谱转化为可见光谱就可以提高太阳能的发电效率。经过研究发现，有一类上/下转换材料可以改变光的频率。太阳光中无法被利用的光主要是长波长的光，因此研究上转换材料就具有更多的意义。

所谓的上转换就是将长波长的光转化为短波长的光，其主要原理为，材料吸收两个低能量的光子而发生跃迁释放出一个高能量的光子，其中的低能量的光子就是指红外光，高能量的光子就是可见光。上转换材料就是一种在红外光照射下可以将红外光转化为可见光的材料。这里用一个滤波片先将太阳光谱分开，分为可见光和红外光两部分。可见光部分直接传递给光伏板，红外光部分通过上转换片转化为可见光后再传递给光伏板。目前常用的一种上转换材料主要掺杂三价稀土离子，上转换过程的发生也主要是靠掺杂的稀土离子的阶梯状能级。

选用一个上转换片，其上覆盖有掺杂稀土离子的涂层，以此来达到转化光谱频率的作用。此上转换片的规格为 65mm×20mm×3mm，使用范围 800~1600nm，通常用于 808nm，850nm，904nm，980nm，1064nm 等波长的光的转换，其作用主要是将红外光转化为绿光。如图 8.5 所示，白色部分即为上转换材料涂层，为上转换片的工作部分，其基底为普通玻璃材料。

图 8.5　上转换片

8.3　模型设计及原理

在光伏板的背面增加一个热电模块,此热电模块不仅可以吸收多余的热量冷却光伏板,而且还可以将这些余热转化成电能以此提高光伏板的发电效率。另外,还有一种太阳能发电结构,其主要是利用光谱转换装置将太阳能光谱中无法被吸收的波段转化为可被光伏板吸收的波段。这里给出两种太阳能光伏发电结构,分别属于太阳能光伏−热电模块结构和太阳能光伏−频率转换模块结构。

8.3.1　太阳能光伏−热电模块结构

图 8.6 为太阳能光伏−热电模块结构图。如图所示,散射的太阳光经过一个聚光镜聚合为一束平行光,此束平行光照射到分光片上,分光片将这束平行光分成两部分,其中 400~850nm 波长的光透过分光片直接照射到光伏板上,其余波长部分的光被反射到侧面的热电模块进行发电。

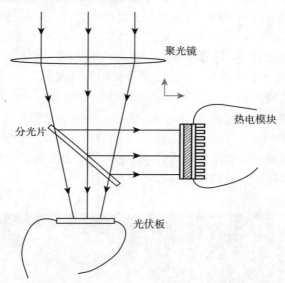

图 8.6　太阳能光伏−热电模块结构图

与传统的光伏−热电耦合结构不同,这里并未把热电模块直接加到光伏板的下方。由于太阳光中产生热量的波段大部分集中在红外光部分,所以通过分光片将红外光部分的波段反射到热电模块,由热电模块吸收太阳光中最能产生热量的部分。这样不仅可以充分实现对太阳能宽光谱的利用,而且由于作用于光伏板上的光为产生热量少的部分,因此光伏板的温度也不会太高。经过分析,该结构可以达到冷却光伏板和提高太阳能发电效率的作用。针对上述的结构设计以及各个镜片的尺寸, 设计了适应此结构的镜架, 如图 8.7 所示。

图 8.7 太阳能光伏-热电结构镜架的设计图和实物图

8.3.2 太阳能光伏-频率转换模块结构

图 8.8 为太阳能光伏-频率转换模块结构图。如图所示, 平行太阳光光束直接照射到分光片上, 分光片将太阳光光谱分成两部分, 其中波长为 400~850nm 的光透过分光片直接照射到光伏板上, 其余部分的光反射到反射镜上, 反射镜又将此束光反射到下边的上转换片, 这束光经过上转换的作用, 转换为可以被光伏板吸

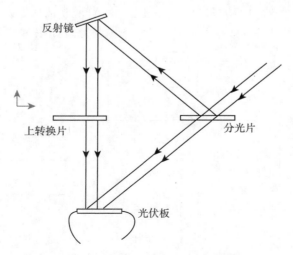

图 8.8 太阳能光伏-频率转换模块结构图

收的绿光并且照射到光伏板上。最后这两束光都聚集在光伏板上, 拓宽了太阳能光谱的吸收范围。

此结构不同于以往的结构, 首先通过分光片把太阳能的光谱分开, 通过上转换片将红外部分转化为可见的绿光并且照射到光伏板上。这不仅有效地利用了光伏板无法利用的那部分光, 提高了太阳能光伏板的发电效率, 而且有效避免了产生大量热的红外光对光伏板的直接照射, 等效地达到了冷却光伏板的作用。

针对上述结构以及各个镜片的尺寸, 设计出了适应此结构的镜片支架。图 8.9(a) 为太阳能光伏–频率转换结构镜架的设计图, (a) 为实物图, 镜架的制作选用快速成型 3D 打印的加工方法。

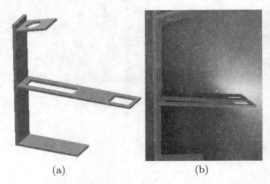

(a)   (b)

图 8.9 太阳能光伏–频率转换结构镜架

8.3.3 功率计算

实验的太阳能效率由功率来计算, 通过比较普通光伏板的发电功率和两种设计结构的发电功率来进行效率的计算, 功率的测量原理如图 8.10 所示。

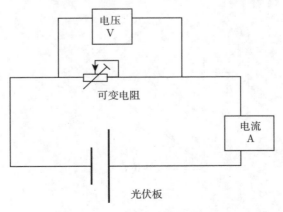

图 8.10 功率测量原理简图

由图中可知，需要对光伏板产生的电流和电压进行测量。由于光伏板具有内阻，因此其输出功率与负载的大小有关。选用可变电阻来模拟不同的负载大小，测量其在不同负载下的电流和电压，得到其伏安特性曲线，同时计算出其在不同负载下的功率，得到电阻–功率曲线。通过曲线得到光伏板的最大输出功率。效率计算如下：

$$\eta = \frac{P_x - P_0}{P_0} \times 100\% \tag{8.1}$$

其中，η 为设计模型的发电效率提高率；P_0 为对比组的光伏板发电功率；P_x 为实验组的光伏板发电功率。功率 P 的计算方法如下：

$$P = U \cdot I \tag{8.2}$$

其中，U 为测量电路两端的电压，I 为测量电路的电流。实验中，电流和电压均采用万用表测量，得到实验数据，而后对发电功率和效率提高率进行分析。

8.4 实验器材简介

实验的主要目的以验证和比较设计的效果为主。实验用到的主要器材有：氙灯、聚光镜、分光片、光伏板、热电模块、反射镜、上转换片、热电偶、红外测温仪以及水冷泵等。

1. 太阳能模拟光源——氙灯

实验中以氙灯来模拟太阳光源，在普通的已知光源中，氙灯发出的光与太阳光的频率比较接近，因此选用 55W 的氙灯作为实验的模拟光源。氙灯的发射波长范围是 190~1100nm，而且氙灯光源具有光效较高且光电参数一致性好，以及工作状态受外界条件变化的影响小等优点。

2. 聚光镜——菲涅耳镜片

设计的两组模型中，有一组为太阳能光伏–热电结构，其实验过程中需要使用一个聚光镜将太阳光聚集成束，选用菲涅耳透镜作为实验的聚光镜，其具有制造方便、聚光性强、价格便宜等优势。菲涅耳透镜主要是由高分子材料制作而成的，镜片的一面为光面，另一面由许多由小到大的同心圆刻录而成。它的纹理主要是根据光学干涉及绕射等原理设计出来的。本次实验所用的菲涅耳透镜，其基本尺寸为 Φ200mm(图 8.11)。

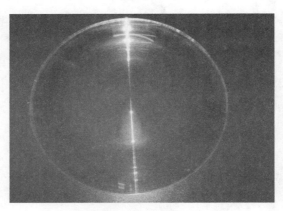

图 8.11   菲涅耳透镜

3. 分光片

两组实验中都用到了分光片，其主要作用是将太阳能全光谱分开。选用的分光片的分光波长为 400~850nm，尺寸为 35mm×25.5mm×1mm。其主要作用是将入射光分为两部分，波长在 400~850nm 的光会透过分光片，其余部分的光会被反射。目前市面上的分光片主要是滤光片，其制造精密，工艺要求高，因此选用市面上已有的滤光片作为实验的分光片，其实物如图 8.12 所示。

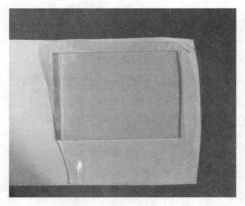

图 8.12   分光片

4. 光伏板

8.2.1 小节对光伏板已经有了比较详细的介绍，实验选用的光伏板分别为：直径为 25mm 的圆形单晶硅光伏板，尺寸为 55mm×55mm 的方形单晶硅光伏板，尺寸为 110mm×80mm 的矩形单晶硅光伏板，其实物分别如图 8.1(a)~(c) 所示。

5. 热电模块

8.2.2 小节中对热电模块进行了详细的介绍，实验所用的热电模块为自行组装，其基本单元为 SP1848-27145 型的碲化铋温差发电片。热端覆盖石墨贴纸以达到更好的吸收太阳光的作用，冷端采用空冷和水冷两种冷却方式。采用空冷时其冷端贴普通散热片，采用水冷时其冷端安装水冷头。实物分别如图 8.2～ 图 8.4 所示。

6. 反射镜——硅反射片

在第二组太阳能光伏–频率转换模块中需要用到反射镜片将分光片分出的光束反射到下边的上转换片。实验所用的反射镜片为直径为 25mm、厚度为 3mm 的硅反射镜片，该镜片的反射面为金色，其基材为硅，它具有良好的光学热性，耐高温，在硅的表面镀上反射膜后大大提高了它的反射率。这块硅反射镜的反射率高达 99%，符合实验要求。图 8.13 为这块硅反射镜的实物图。

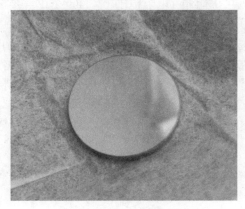

图 8.13 硅反射镜

7. 上转换片

8.2.3 小节对上转换片做了介绍。实验可以使用涂覆光子晶体的玻璃上转换片进行，但由于光子晶体加工工艺复杂，要求条件苛刻，而加工定制的成本也较高，因此选择了市面上常见的激光倍频片作为其实验代替材料，可以达到红外光转换为可见光的目的。图 8.5 为实验所用的上转换片的实物图。

8. 测温仪器——热电偶、红外测温仪

实验中的太阳能光伏–热电模块结构中热电模块的发电功率等于其开路电压和短路电流的乘积，可以根据热电模块的温差然后查询电压电流曲线，利用插值法计算出此时的电压和电流。热电模块的冷端选用热电偶进行测量，热端选用红外测温仪进行测量，可以避免光照的影响。

8.5   实验及数据分析

实验分为三组，主要目的是验证所设计的两种结构是否可以提高太阳能光伏电池的发电效率。三组对比实验分别为：不同大小、形状的纯光伏板发电功率的比较；太阳光直接照射光伏板与太阳能光伏-热电模块设计发电功率的比较；太阳光直接照射光伏板与太阳能光伏-频率转换模块设计发电功率的比较。

8.5.1   纯光伏板实验

本组实验采用三种不同规格的单晶硅太阳能电池板作为实验对象，其分别为圆形 Φ50mm 光伏板，记为圆形板；55mm×55mm 方形光伏板，记为小方形板；110mm×80mm 矩形光伏板，记为大矩形板。实验中，太阳光模拟光源氙灯发出的光直接照射到光伏板上，光伏板接电阻箱 (电阻范围 0~9999.9Ω) 再接电流表 (万用表替代) 形成回路，电阻箱并联电压表 (万用表替代) 以测其电压。

在搭建好的平台基础上进行数据的采集，实验的数据采集点为 $0.1\Omega, 0.5\Omega, 1\Omega,$ $5\Omega, 10\Omega, 25\Omega, 50\Omega, 75\Omega, 100\Omega, 250\Omega, 500\Omega, 750\Omega, 1000\Omega, 2000\Omega, 5000\Omega, 7000\Omega,$ 10000Ω 这 17 个点。通过得到数据采集点的电压和电流，绘制出伏安特性曲线，进而计算出各点的发电功率，得到电阻-功率曲线。

(1) 圆形板的伏安特性曲线 (图 8.14) 和电阻-功率曲线 (图 8.15)。

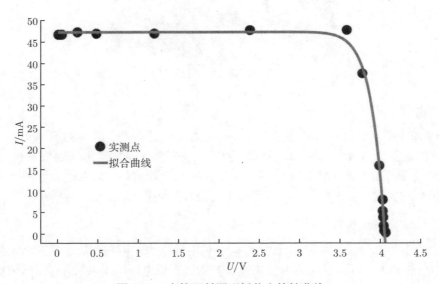

图 8.14   直接照射圆形板伏安特性曲线

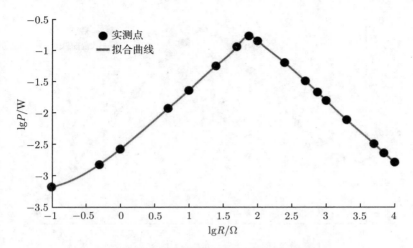

图 8.15 直接照射圆形板电阻–功率曲线

从伏安特性图中可以得到, 圆形板的发电电流随着负载电阻的增大一开始保持稳定, 基本保持在 46mA 左右, 而电压却从一开始的 0 很快增长到 3.7V 左右; 当负载电阻增加到 75Ω 后, 电流以很快的速度下降而后达到接近 0 的稳定值, 此时电压基本保持稳定值, 在 4V 左右波动。从电阻–功率图中可以看出, 电阻在 75Ω 之前, 发电功率随负载的增大而增大, 电阻在大于 75Ω 后其发电功率又开始下降最后趋于 0 稳定, 其最大功率出现于 75Ω 附近, 最大功率值为 0.170W。

(2) 小方形板的伏安特性曲线 (图 8.16) 和电阻–功率曲线 (图 8.17)。

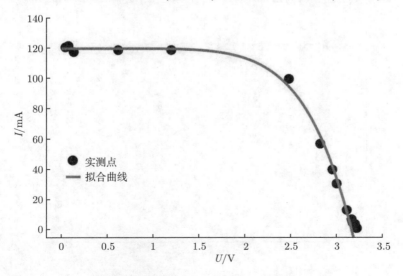

图 8.16 直接照射小方形板伏安特性曲线

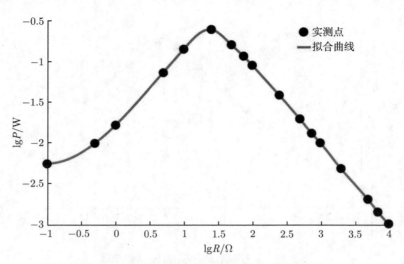

图 8.17　直接照射小方形板电阻–功率曲线

　　从伏安特性图中可以得到，小方形板的发电电流随着负载电阻的增大一开始保持稳定，基本保持在 120mA 左右，而电压却从一开始的 0 很快增长到 2.5V 左右；当负载电阻增加到 25Ω 后，电流以很快的速度下降而后达到接近 0 的稳定值，此时电压基本保持稳定值，在 3.2V 左右波动。从电阻–功率图中可以看出，电阻在 25Ω 之前，发电功率随负载的增大而增大，电阻在大于 25Ω 后其发电功率又开始下降最后趋于 0 稳定，其最大功率出现于 25Ω 附近，最大功率值为 0.245W。

　　(3) 大矩形板的伏安特性曲线 (图 8.18) 和电阻–功率曲线 (图 8.19)。

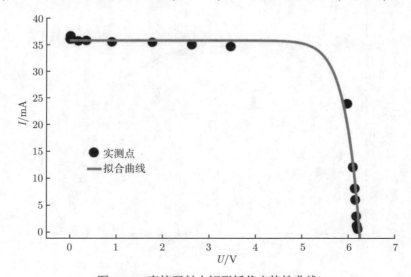

图 8.18　直接照射大矩形板伏安特性曲线

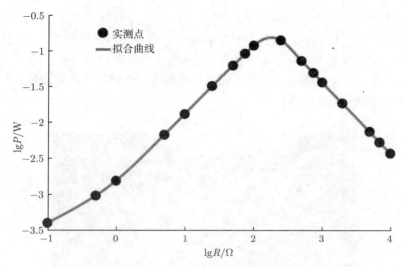

图 8.19 直接照射大矩形板电阻–功率曲线

从伏安特性图中可以得到, 大矩形板的发电电流随着负载电阻的增大一开始保持稳定, 基本保持在 35mA 左右, 而电压却从一开始的 0 很快增长到 6V 左右; 当负载电阻增加到 250Ω 后, 电流以很快的速度下降而后达到接近 0 的稳定值, 此时电压基本保持稳定值, 在 6V 左右波动。从电阻–功率图中可以看出, 电阻在 250Ω 之前, 发电功率随负载的增大而增大, 电阻在大于 250Ω 后其发电功率又开始下降最后趋于 0 稳定, 其最大功率出现于 250Ω 附近, 最大功率值为 0.143W。

通过上述实验可以看出, 形状和大小都可以对光伏板的发电功率产生一定的作用。因为圆形板和小方形板的作用面积近似相同, 对比圆形板和小方形板, 可以发现, 小方形板的发电的短路电流更大, 圆形板的发电的断路电压更大, 而且小方形板的发电功率要远大于圆形板。对比小方形板和大矩形板可以看出, 小方形板的短路电流要远大于大矩形板, 而大矩形板的断路电压远大于小方形板, 发电功率也是小方形板大于大矩形板。

从以上分析可以看出, 在作用面积相同的情况下, 小方形板的发电功率要大一些。虽然上述的结果的反馈是小方形板的发电功率大于大矩形板, 但从理论上分析, 随着光伏板的作用面积的增大, 其产生的功率一定是增大的。分析出现上述大光伏板的发电功率低于小光伏板的现象的原因, 主要是因为光伏板的内阻不同、氙灯光源作用的范围有限等。综上所述, 后续实验只进行同种板的比较, 而不进行不同板之间的比较。

8.5.2 光伏–热电模块实验

本组实验是对太阳光直接照射到光伏板上的发电功率与光伏板加上热电模块

的发电功率的比较，为了排除其他因素对实验结果的影响，只进行同种光伏板的比较。实验对圆形板、小方形板、大矩形板三种板分别与热电模块结合进行分析。实验接线和测量电路与 8.5.1 小节不同，但这组实验需要对热电模块的温差进行测量，在其冷端插入一个热电偶测量其温度，热端用红外测温仪进行测量。实验的实物如图 8.20 所示。

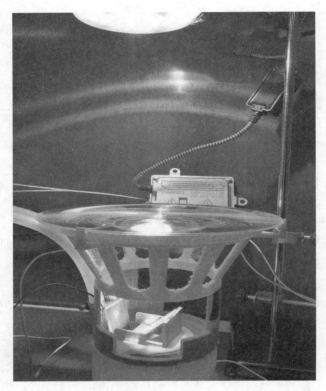

图 8.20   太阳能光伏–热电模块实验的实物图

在搭建好的平台基础上进行数据的采集，本次实验的数据采集点为 0.1~10000Ω 中的 16 个点。通过得到数据采集点的电压和电流，绘制出伏安特性曲线，进而计算出各点的发电功率，得到电阻–功率曲线。通过两个温度测量装置测量出热电模块冷热端的温度，计算出温度差。

(1) 圆形板的伏安特性曲线 (图 8.21) 和电阻–功率曲线 (图 8.22)。

从伏安特性图中可以得到，圆形板的发电电流随着负载电阻的增大一开始保持稳定，基本保持在 11mA 左右，而电压却从一开始的 0 很快增长到 3V 左右；当负载电阻增加到 250Ω 后，电流以很快的速度急剧下降而后达到接近 0 的稳定值，此时电压却基本达到稳定值, 在 3.8V 左右波动。从电阻–功率图中可以看出, 电阻在 250Ω 之前, 发电功率随负载的增大而增大, 电阻在大于 250Ω 后其发电功率又开始下降最后趋于 0 稳定, 其最大功率出现于 250Ω 附近, 最大功率值为 0.0298W。

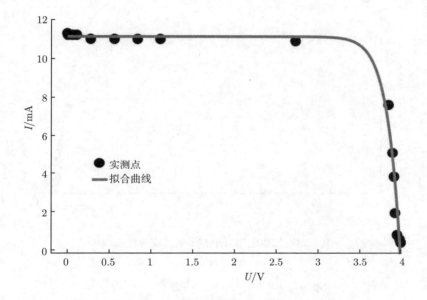

图 8.21　加热电模块圆形板伏安特性曲线

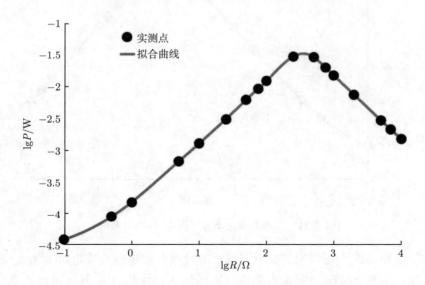

图 8.22　加热电模块圆形板电阻–功率曲线

(2) 小方形板的伏安特性曲线 (图 8.23) 和电阻功率曲线 (图 8.24)。

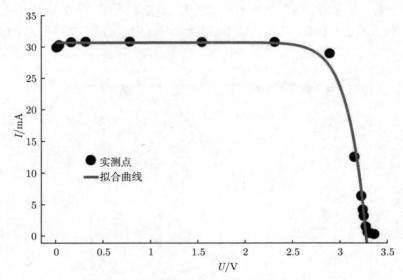

图 8.23 加热电模块小方形板伏安特性曲线

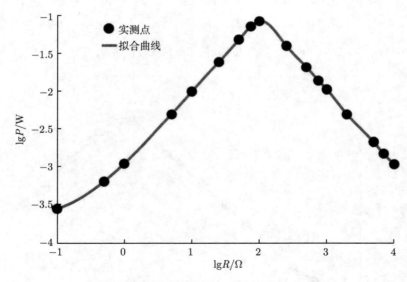

图 8.24 加热电模块小方形板电阻–功率曲线

从伏安特性图中可以得到，小方形板的发电电流随着负载电阻的增大一开始保持稳定，基本保持在 30mA 左右，而电压却从一开始的 0 很快增长到 2.3V 左右；当负载电阻增加到 100Ω 后，电流以很快的速度急剧下降而后达到接近 0 的稳定值, 此时电压却基本达到稳定值, 在 3.2V 左右波动。从电阻–功率图中可以看出, 电阻在 100Ω 之前, 发电功率随负载的增大而增大, 电阻在大于 100Ω 后其发电功率又开始下降最后趋于 0 稳定, 其最大功率出现于 100Ω 附近, 最大功率值为 0.0835W。

(3) 大矩形板的伏安特性曲线 (图 8.25) 和电阻–功率曲线 (图 8.26)。

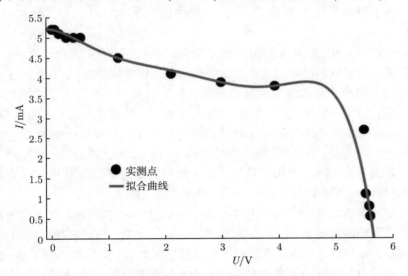

图 8.25 加热电模块大矩形板伏安特性曲线

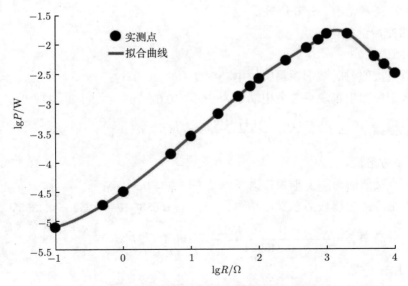

图 8.26 加热电模块大矩形板电阻–功率曲线

从伏安特性图中可以得到, 大矩形板的发电电流随着负载电阻的增大一开始保持稳定, 基本保持在 5mA 左右, 而电压却从一开始的 0 很快增长到 5V 左右; 当负载电阻增加到 1000Ω 后, 电流以很快的速度急剧下降而后达到接近 0 的稳定值, 此时电压却基本达到稳定值, 在 5.5V 左右波动。从电阻–功率图中可以看出, 电阻在 1000Ω 之前, 发电功率随负载的增大而增大, 电阻在大于 1000Ω 后其发电功率又开始下降最后趋于 0 稳定, 其最大功率出现于 1000Ω 附近, 最大功率值为 0.0149W。

实验过程中, 热电模块的温度差逐渐增大, 而在实际的太阳能电池中, 当太阳能电池接受一段时间的照射后其热电模块的温差必将保持稳定, 因此选用了此次实验中最终得到的冷热端温度作为其对应的实际工作温差。在采用空冷的热电模块实验中冷端的温度为室温 23℃, 热端的温度为 45℃, 其温差为 22℃, 利用插值法进行分析, 得到热电模块在温差 22℃时的开路电压为 1.053V, 发电电流为 239.3mA, 功率为 0.252W; 在采用水冷的热电模块实验中冷端的温度为水温 18℃, 热端温度为 43℃, 其温差为 25℃, 利用插值法进行分析得到热电模块在温差 25℃时的开路电压为 1.1775V, 发电电流为 260.6 mA, 功率为 0.307W。

三组加热电模块后光伏板的实验结果与 8.5.1 小节中直接照射时光伏板的结果比较可以得到相同的结果: 加入分光片和热电模块之后, 光伏板接收到的光减小, 其短路电流大幅度降低, 但其断路电压并未发生很大变化, 只有小幅下降, 但是光伏板本身的发电功率却有了较大的降低, 而其出现最大发电功率的负载电阻也有了较大程度的增长。上述是对光伏模块的分析, 下面对总的发电效率做出分析。对空冷和水冷两种情况, 分开计算。

1) 带空冷的热电模块

(1) 圆形板。

光源直接照射时圆形板最大发电功率 $P_Y = 0.1704$W;

加入空冷热电模块后总发电功率为 $P_{YK} = 0.029757 + 0.252 = 0.2818$W;

功率提高率 $\eta = \dfrac{0.281757 - 0.170408}{0.170408} \times 100\% = 65.3\%$。

(2) 小方形板。

光源直接照射时小方形板最大发电功率 $P_X = 0.2450$W;

加入空冷热电模块后总发电功率为 $P_{XK} = 0.083521 + 0.252 = 0.3355$W;

功率提高率 $\eta = \dfrac{0.335521 - 0.245024}{0.245024} \times 100\% = 37\%$。

(3) 大矩形板。

光源直接照射时大矩形板最大发电功率 $P_D = 0.142683$W;

加入空冷热电模块后总发电功率为 $P_{\text{DK}}= 0.014934+0.252=0.266934\text{W}$；

功率提高率 $\eta = \dfrac{0.266934 - 0.142683}{0.142683} \times 100\% = 87.1\%$。

2) 带水冷的热电模块

(1) 圆形板。

光源直接照射时圆形板最大发电功率 $P_Y= 0.170408\text{W}$；

加入水冷热电模块后总发电功率为 $P_{Y\text{S}}= 0.029757+0.307=0.336757\text{W}$；

功率提高率 $\eta = \dfrac{0.336757 - 0.170408}{0.170408} \times 100\% = 97.6\%$。

(2) 小方形板。

光源直接照射时小方形板最大发电功率 $P_X=0.245024\text{W}$；

加入水冷热电模块后总发电功率为 $P_{X\text{S}}=0.083521+0.307=0.390521\text{W}$；

功率提高率 $\eta = \dfrac{0.390521 - 0.245024}{0.245024} \times 100\% = 59.4\%$。

(3) 大矩形板。

光源直接照射时大矩形板最大发电功率 $P_{\text{D}}= 0.142683\text{W}$；

加入水冷热电模块后总发电功率为 $P_{\text{DS}}= 0.014934+0.307=0.321934\text{W}$；

功率提高率 $\eta = \dfrac{0.321934 - 0.142683}{0.142683} \times 100\% = 125.6\%$。

通过上述的数据和计算可以发现，带有热电模块的光伏板的发电功率比太阳光直接照射时的发电功率有所提高，而此结构中光伏板的发电效率很小，其主要的发电效率由热电模块提供。除此之外，也可以看出，带有水冷装置的热电模块要比空冷装置的热电模块的发电功率大。因此一定范围内，提高热电模块的冷却速率可以提高其发电效率。

8.5.3 光伏–频率转换模块实验

本组实验中，依然采取三种不同的光伏板作为实验对比组。本组实验中增加分光片、上转换片、反射镜，为了减小由于光照产生的热量对各镜片性能的影响，实验中采用锡箔纸来连接各个镜片与镜架结构，其实验实物图如图 8.27 所示。本组实验主要目的是验证上转换片的作用，因此采用加与不加上转换片的情况来进行对比。

图 8.27   太阳能光伏–频率转换实验的实物图

采集 0.1~10000Ω 中的 31 个点。通过得到数据采集点的电压和电流,绘制出伏安特性曲线,进而计算出各点的发电功率,得到电阻–功率曲线。

1. 不加上转换片的情况

(1) 不加上转换片圆形板的伏安特性曲线 (图 8.28) 和电阻–功率曲线 (图 8.29)。

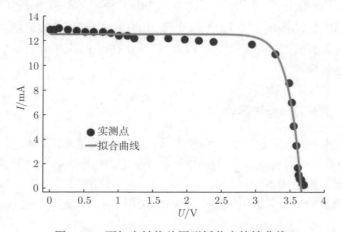

图 8.28   不加上转换片圆形板伏安特性曲线

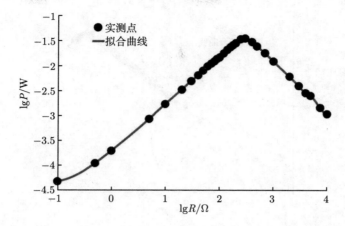

图 8.29 不加上转换片圆形板电阻–功率曲线

从伏安特性图中可以得到, 不加上转换片圆形板的发电电流随着负载电阻的增大一开始保持稳定, 基本保持在 12mA 左右, 而电压却从一开始的 0 很快增长到 3.2V 左右; 当负载电阻增加到 300Ω 后, 电流以很快的速度下降而后达到接近 0 的稳定值, 此时电压基本保持稳定值, 在 3.6V 左右波动。从电阻–功率图中可以看出, 电阻在 300Ω 之前, 发电功率随负载的增大而增大, 电阻在大于 300Ω 后其发电功率又开始下降最后趋于 0 稳定, 其最大功率出现于 300Ω 附近, 最大功率值为 0.0358 W。

(2) 不加上转换片小方形板伏安特性曲线 (图 8.30) 和电阻–功率曲线 (图 8.31)。

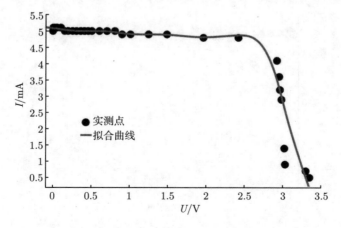

图 8.30 不加上转换片小方形板伏安特性曲线

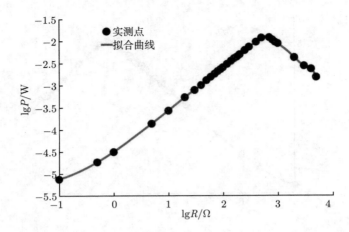

图 8.31　不加上转换片小方形板电阻–功率曲线

　　从伏安特性图中可以得到, 不加上转换片小方形板的发电电流随着负载电阻的增大一开始保持稳定, 基本保持在 5mA 左右, 而电压却从一开始的 0 很快增长到 2.5V 左右; 当负载电阻增加到 700Ω 后电流以很快的速度下降而后达到接近 0 的稳定值, 此时电压基本保持稳定值, 在 3V 左右波动。从电阻–功率图中可以看出, 电阻在 700Ω 之前, 发电功率随负载的增大而增大, 电阻在大于 700Ω 后其发电功率又开始下降最后趋于 0 稳定, 其最大功率出现于 700Ω 附近, 最大功率值为 0.0120 W。

　　(3) 不加上转换片大矩形板伏安特性曲线 (图 8.32) 与电阻–功率曲线 (图 8.33)。

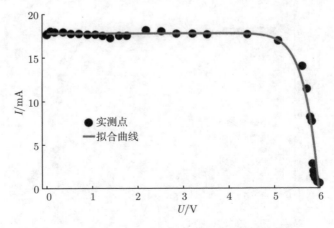

图 8.32　不加上转换片大矩形板伏安特性曲线

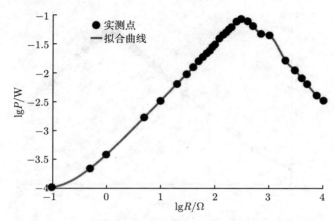

图 8.33 不加上转换片大矩形板电阻–功率曲线

从伏安特性图中可以得到，不加上转换片大矩形板的发电电流随着负载电阻的增大一开始保持稳定，基本保持在 18mA 左右，而电压却从一开始的 0 很快增长到 5V 左右；当负载电阻增加到 300Ω 后，电流以很快的速度下降而后达到接近 0 的稳定值，此时电压基本保持稳定值，在 5.8V 左右波动。从电阻–功率图中可以看出，电阻在 300Ω 之前，发电功率随负载的增大而增大，电阻在大于 300Ω 后其发电功率又开始下降最后趋于 0 稳定，其最大功率出现于 300Ω 附近，最大功率值为 0.0859W。

2. 加上转换片的情况

(1) 加上转换片圆形板的伏安特性曲线 (图 8.34) 和电阻–功率曲线 (图 8.35)。

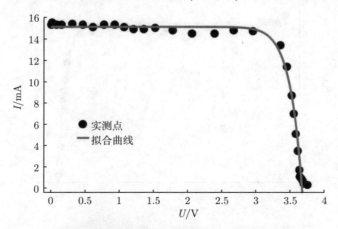

图 8.34 加上转换片圆形板伏安特性曲线

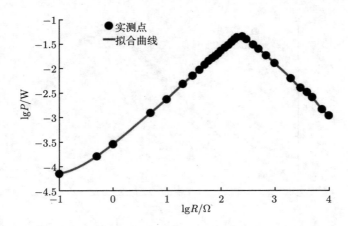

图 8.35　加上转换片的圆形板电阻–功率曲线

从伏安特性图中可以得到, 加上转换片圆形板的发电电流随着负载电阻的增大一开始保持稳定, 基本保持在 15mA 左右, 而电压却从一开始的 0 很快增长到 3V 左右; 当负载电阻增加到 250Ω 后, 电流以很快的速度下降而后达到接近 0 的稳定值, 此时电压基本保持稳定值, 在 3.6V 左右波动。从电阻–功率图中可以看出, 电阻在 250Ω 之前, 发电功率随负载的增大而增大, 电阻在大于 250Ω 后其发电功率又开始下降最后趋于 0 稳定, 其最大功率出现于 250Ω 附近, 最大功率值为 0.0449 W。

(2) 加上转换片小方形板伏安特性曲线 (图 8.36) 和电阻–功率曲线 (图 8.37)。

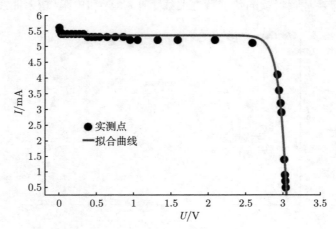

图 8.36　加上转换片小方形板伏安特性曲线

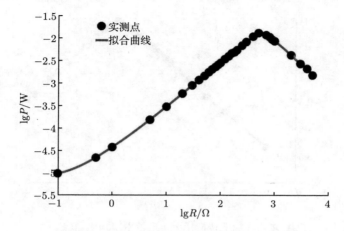

图 8.37　加上转换片小方形板电阻–功率曲线

从伏安特性图中可以得到，加上转换片小方形板的发电电流随着负载电阻的增大一开始保持稳定，基本保持在 5.2mA 左右，而电压却从一开始的 0 很快增长到 2.6V 左右；当负载电阻增加到 500Ω 后，电流以很快的速度下降而后达到接近 0 的稳定值，此时电压基本保持稳定值，在 3V 左右波动。从电阻–功率图中可以看出，电阻在 500Ω 之前，发电功率随负载的增大而增大，电阻在大于 500Ω 后其发电功率又开始下降最后趋于 0 稳定，其最大功率出现于 500Ω 附近，最大功率值为 0.0132 W。

(3) 加上转换片大矩形板伏安特性曲线 (图 8.38) 与电阻–功率曲线 (图 8.39)。

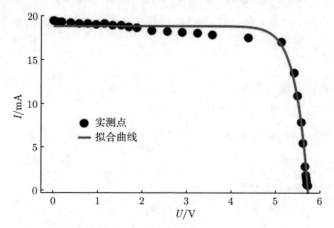

图 8.38　加上转换片大矩形板伏安特性曲线

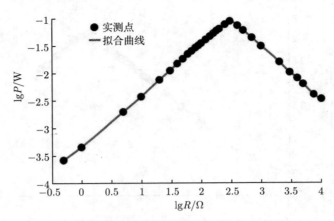

图 8.39　加上转换片大矩形板电阻功率曲线

　　从伏安特性图中可以得到，加上转换片大方形板的发电电流随着负载电阻的增大一开始保持稳定，基本保持在 19mA 左右，而电压却从一开始的 0 很快增长到 5.1V 左右；当负载电阻增加到 300Ω 后，电流以很快的速度下降而后达到接近 0 的稳定值，此时电压基本保持稳定值，在 5.7V 左右波动。从电阻−功率图中可以看出，电阻在 300Ω 之前，发电功率随负载的增大而增大，电阻在大于 300Ω 后其发电功率又开始下降最后趋于 0 稳定，其最大功率出现于 300Ω 附近，最大功率值为 0.0870W。

　　通过以上的实验数据曲线可以很直观地看到，相比于不加上转换片，加上转换片的装置其发电功率确实有所提高。三组实验都得到了相同的结果：加与不加上转换片对装置的功率影响在断路电压方面较小，但也有一定的影响，主要集中于短路电流上，而对出现最大功率的负载电阻的变化影响也很小。下面将对各组光伏板的功率提高率进行分析计算。

　　(1) 圆形板。

　　不加上转换片的最大发电功率 P_{YB}=0.0358 W；

　　加上转换片的最大发电功率 P_{YJ}=0.0449 W；

　　加上转换片后的功率提高率 $\eta = \dfrac{0.0449 - 0.0358}{0.0358} \times 100\% = 25.4\%$。

　　(2) 小方形板。

　　不加上转换片的最大发电功率 P_{XB}=0.0120 W；

　　加上转换片的最大发电功率 P_{XJ}=0.0132 W；

　　加上转换片后的功率提高率 $\eta = \dfrac{0.0132 - 0.0120}{0.0120} \times 100\% = 10.0\%$。

　　(3) 大矩形板。

不加上转换片的最大发电功率 $P_{DB}=0.0859$ W;

加上转换片的最大发电功率 $P_{DJ}=0.0870$ W;

加上转换片后的功率提高率 $\eta = \dfrac{0.0870 - 0.0859}{0.0859} \times 100\% = 1.3\%$。

由上述功率提高率的数据可以得到：加入上转换片后，三块板的功率都有所提高，但其提高的比例差别很大。圆形板的功率提高率最大，其功率提升最多；小方形板次之；大方形板最差。得到这一结果的原因主要是受到上转换片尺寸的限制，由于三组实验运用的是同一块上转换片，而三块光伏板的大小各不相同，因此其转换光占用比不同，所以结果存在差异，当然也存在实验误差等因素的影响。

8.6 本章小结

本章主要介绍了两组太阳能利用耦合结构设计并对其进行的实验。结果表明，在利用分光片将太阳光谱分开后，一束透射给光伏板，一束反射给热电模块，这样的结构可以起到提高太阳能光伏板的发电效率的作用。利用分光片、上转换片和反射片的实验也达到了相同条件下提高太阳能综合发电效率的作用。

对于太阳能光伏–热电模块结构，可以认为：①加入热电模块比不加热电模块的太阳能发电效率高；②在相同的光照强度和光照量下，有效受光面积越大，加入同种热电模块后其功率提高率越大；③冷却条件适当的热电模块对太阳能光伏–热电综合发电功率的提升贡献较大。

对太阳能光伏–频率转换结构：①加入上转换片转换太阳能光谱频率可以提高太阳能光伏电池的发电功率；②在相同实验条件下，光伏板的规格形状会对结果产生很大影响；③上转换片的规格和转换效率及其透光率等因素都会对结果产生影响。后续的研究中，如果运用性能更好的分光片、反射片和光子晶体，综合发电效率有望进一步提高。

参 考 文 献

[1] 赵曦. 新型二维热电材料的高通量筛选与计算. 西安: 西北大学, 2017.

[2] 任志锋, 刘玮书. 热电材料研究的现状与发展趋势. 西华大学学报: 自然科学版, 2013 (3): 1-9.

[3] 张栗源, 张靖渊, 李宏宇, 等. 聚光型太阳能热电转换系统性能分析. 自动化仪表, 2017 (10): 13-16.

[4] 廖天军, 杨智敏, 林比宏. 光伏 - 温差热电混合发电模块的性能特性. 可再生能源, 2013 (7): 97-100.

[5] 张传波. 光电热电复合材料及其在染料敏化太阳能电池中的应用. 成都: 电子科技大学,

2016.

[6]　廖天军. 两类温差热电混合发电系统性能特性的研究. 泉州: 华侨大学, 2014.

[7]　许鹰. 新型复合式太阳能热电系统稳态特性分析. 电力与能源, 2013, (5): 525-529.

[8]　梁秋艳. 聚光太阳能温差发电关键技术及热电性能机理研究. 仙台: 东北工业大学, 2016.

[9]　Teffah K, Zhang Y. Modeling and experimental research of hybrid PV-thermoelectric system for high concentrated solar energy conversion. Solar Energy, 2017, 157: 10-19.

[10]　Hajji M, Labrim H, Benaissa M, et al. Photovoltaic and thermoelectric indirect coupling for maximum solar energy exploitation. Energy Conversion and Management, 2017, 136: 184-191.

[11]　Mohsenzadeh M, Shafii M B. A novel concentrating photovoltaic/thermal solar system combined with thermoelectric module in an integrated design. Renewable Energy, 2017, 113: 822-834.

[12]　Skjølstrup E, Søndergaard T. Design and optimization of spectral beamsplitter for hybrid thermoelectric-photovoltaic concentrated solar energy devices. Solar Energy, 2016, 139: 149-156.

[13]　Narducci D, Lorenzi B. Challenges and perspectives in tandem thermoelectric-photovoltaic solar energy conversion. IEEE Transactions on Nanotechnology, 2016, 15(3): 348-355.

[14]　李思琢. 太阳能光伏板热电性能的影响研究. 北京: 北京建筑大学, 2014.

[15]　杜凤丽, 原郭丰, 常春, 等. 太阳能热发电技术产业发展现状与展望. 储能科学与技术, 2013, (6): 551-564.

第 9 章   微纳米光伏表面结构吸收性能分析

在如何能够更加高效地利用太阳能方面，太阳能的吸收效率起着非常重要的作用。对于光伏器件，具有周期性的硅纳米材料阵列结构的硅基薄膜表面，也可以提升太阳能吸收效率。然而太阳能的有效利用效率一直达不到理想水平，例如，基于吸收装置对全光谱吸收的太阳能电池光电转换效率还不够高，因此，在世界范围内引发了一系列对其吸收效率的研究。在太阳能电池发电的全光谱波长范围内增强吸收，对于进一步提高薄膜太阳能电池的效率来说至关重要 [1]。太阳能吸收装置的表面结构是影响太阳能吸收效率的主要因素，其中微纳米复合结构引起人们的广泛关注，如硅纳米柱阵列结构、蛾眼结构等，目的都是寻找一种能够得到太阳能最优吸收效率的表面结构，从而实现太阳能的高效利用。本章在结合前人研究成果的基础上使用 FDTD Solutions 软件进行模拟，得出不同尺寸的硅纳米柱、硅纳米圆锥凹槽阵列结构对太阳能吸收效率的影响。分析表明，添加螺纹结构的硅纳米圆锥凹槽阵列结构能够在所研究波长 400~700nm 范围内获得较优的光吸收效率。

9.1   微纳米表面结构

现如今，国内外对多种微纳米复合结构都有着广泛的研究，其中有几种典型的结构在高效吸收太阳能方面有着显著的效果，也为后续研究提供了很大帮助，具体情况如下。

首先，蛾眼结构是一种较为常见的结构，由一层排列有序的六边形硅纳米阵列构成。该结构可以等效于一个折射率连续变化的介层，该介层能够实现在大视场范围内较宽光谱的减反增透效果。利用时域有限差分法 (FDTD) 分别对有机太阳能电池中蛾眼结构的形貌、周期和深度对其器件吸收效率的影响进行一系列的模拟仿真计算得出，六边形排布方式、抛物线形微结构单元、周期为 250 nm、深度为 80nm 的蛾眼结构，可以获得最大的光吸收效率，该吸收效率比普通平板结构提高了 11.3%。从光场分布的模拟结果来看，吸收效率的提高是蛾眼结构的抗反射效应以及抗反射效应与表面等离激元增强吸收相结合的结果 [2]。

陈名等研究了硅纳米球和核壳硅纳米球对光捕获能力的影响。通过研究在有机太阳能电池活性层的硅纳米球/壳中掺杂 SiO_2，Ag，SiO_2/Ag，Ag/SiO_2，从而实现器件光捕获能力的提升。最后，Ag 和 SiO_2 都能增强活性层的光吸收，金属球增强效果略强于介质球[3]。湛玉新提出了一种阵列型银硅纳米结构。将金属硅纳米结构加入倒置的有机薄膜太阳能电池活性层中，并以表面等离激元理论为指导，解决了有机薄膜太阳能电池活性层材料厚度与等离激元扩散长度之间的矛盾，同时有效提高了器件活性层的光吸收性能。最终得出结论: 在增强有机太阳能电池光吸收效率方面，银硅纳米片阵列结构优于十字叉阵列和方形环阵列结构[4]。

李斌斌在光伏电池器件设计抗反射层时，主要使用到大部分利用的是亚波长光栅，不过对于电池内部的设计还更灵活，例如，在太阳电池内部使用各种不同组合型的光栅，以达到增加光程距离的效果，从而进一步提高光电的转换效率[5]。Zheng 和 Xuan 提出亚波长表面微结构，即在晶体硅 (c-Si) 的表面上，提出了一种由六角排列的硅纳米柱和不对称的 TiO_2 / SiO_2 双层膜组成的亚波长复合结构 (SCS)。通过利用 FDTD 法优化，SCS 具有全向超宽带抗反射特性 (300~2500nm 范围内的平均反射率 <1.8%)，适用于光伏–热电 (PV-TE) 混合系统，并可以提高全光谱太阳能利用率[6]。

为了提高金属硅薄膜太阳能电池光电转换效率，刘震通过设计改变金属硅薄膜太阳能电池表面的微纳米复合结构，并利用金属硅纳米等离子体的光散射等共振特性，进一步在增强金属硅薄膜太阳能电池的光吸收效率方面做出了贡献，还深入讨论了入射光偏振角度对光吸收效率的影响。通过调整金属硅薄膜太阳能电池的参数，增强了 300~1000nm 太阳光谱中宽带区域的光吸收效率，尤其是在 700~900nm 的长波一端有明显的提高作用[7]。

Cansizoglu 等[8] 研究得到硅纳米柱结构，它也是一种常见的用于太阳能吸收表面的微纳米复合结构。通过在器件结构上实施硅纳米级柱，可以实现在晶体硅薄层中的高效采光[8]。首先利用 LB 拉膜技术在 n-Si(100) 片上制备了 SiO_2 硅纳米粒子点阵单层膜作为掩模板，采用电导耦合等离子体 (ICP) 干法刻蚀制备尺寸可控的硅纳米柱阵列。对此，张朝系统地研究了直径 (D) 及深度 (H) 等因素对硅纳米柱阵列结构光学性能的影响，得出结论: 直径越小，深度越大，硅纳米柱阵列结构的光吸收性能越优异[9]。Gao 等发现，对于硅纳米级孔洞，其也可以在硅光电二极管中实现光俘获[10]。

田军龙通过再设计已有硅纳米材料合成技术以及仿生态材料制备技术，制备出了一种具有半导体功能的碳基金属蝶翅三维材料。这种能够减小反射的周期性黑色蝶翅微纳米结构材料具有复杂的多级精细结构特性。该纳米结构揭示了金属硅纳米颗粒的等离子体与蝶翅减反准周期微纳结构 (AQPS) 之间的耦合效应以及与光吸收之间的内在联系[11]。

为了实现紫外–远红外超宽谱带的高抗反射特性，范培迅等制备出了一种独特的微纳米复合结构: 紫外–远红外超宽谱带高抗反射表面微纳米结构。利用超快皮秒激光与材料的相互作用，在 Cu, Al, Ti, H13 钢四种金属材料表面制备了这种结构，覆盖有金属硅纳米颗粒的铜表面的无序多孔嵌套结构在紫外–可见光、紫外–近红外、紫外–中红外和紫外–远红外光谱范围内具有超宽带优异的抗反射特性，其平均反射率分别下降到 3%，6%，9% 和 10% 左右 [12]。

为了克服硅在这些波长中吸收的固有弱点，将光子捕获微结构化孔阵列蚀刻到硅表面中。Gao 等提出了晶体硅 (c-Si) 上的类圆锥形光子晶体 (PC) 结构，这种结构具有更大的垂直深度和更高的侧壁角度，PC 结构的漏斗状几何形状意味着其可以实现比典型的 KOH 蚀刻的倒金字塔结构更好的光捕获效果 [13]。500μm c-Si 上的类圆锥形 PC 结构可以在 $\lambda=$ 400~1000 nm 范围内实现宽带近零反射和近一致吸收 ($A=$ 98.5%)。对于更薄的 c-Si($t=10\mu m$) 的圆锥形 PC，平均吸收率为 94.7%。即使对于近红外波长 ($\lambda=$ 800~1000nm)，平均吸收率也保持在 90.5%。Kuang 等 [14] 研究发现，增加光捕获量并显著改善更薄的 c-Si 中的近红外吸收率的主要原因是热释电红外传感 (PIR) 效应，其产生集中在吸收材料内的近 90° 的光学折射和类涡旋能量循环模式。并且 Mayet 等 [15] 在制备过程中发现，氢钝化可以抑制由表面损伤引起的器件退化。

Tsai 等提出了一种垂直集成金字塔形 Si 衬底 GaN 硅纳米棒。压电能量收集是用于消除环境机械运动的有前途的技术，其用于驱动紧凑、低功耗、多功能的电子器件。为了适应各种外界环境，广泛的几何结构和尺寸变化，压电性能已被认为是压电收割机设计的关键。通过施加一个法向力，得到一种创新的结构，用于从弯曲的倾斜排列的 GaN 压电纳米棒 (NRS) 中获取电能 [16]。

Yokogawa 等发现二维衍射倒金字塔阵列结构 (IPA) 背向 CMOS 图像传感器 (Bi-CIS) 在晶体硅 (c-Si) 和深沟槽隔离 (DTI) 上的红外灵敏度增强。在波长为 850nm 时，半无限厚 c-Si 在其表面 400nm 处的二维 IPAs 的模拟结果表明，光吸收率增加 30% 以上，在 540nm 波长处，最大增强可达 43% [17]。

Chen 等提出了用于薄膜硅太阳能电池全频带吸收增强的准晶体光子结构。通过在周期性图案化的微锥衬底上叠加 Ag 随机纳米纹理，使得基于准晶体结构 (QCS) 的 n-i-p 薄膜硅太阳能电池的全波段吸收增强。由于薄膜沉积后保留的微锥轮廓的渐变折射率以及由准晶体结构引起的更多样的引导模式共振，所以前表面反射减少，从而显著改善了光耦合和光捕获能力。基于准晶体结构的氢化非晶硅锗 (a-SiGe：H) 太阳能电池的初始效率为 10.4%，其优于平面 (效率为 7.5%) 和随机纳米结构 (效率为 8.7%) 的相对部分达 38.7% 和 19.5%。准晶体结构也可以用于其他薄膜光伏器件的复制，为制造高效薄膜太阳能电池提供了新的途径 [1]。

通过上述分析，对于太阳能吸收的微硅纳米结构有了初步的了解 [18]，还有些文献中提到了基于微硅纳米尖端制造技术的前景趋势。所以接下来要做的就是进一步分析不同微硅纳米表面结构对太阳能吸收率的影响，进而实现高效吸收太阳能。这对使用清洁能源具有重要意义。

9.2　建立器件模型

本章对硅纳米柱、硅纳米圆锥凹槽结构进行模拟, 使用的是 Lumerical 公司研发的光学模拟软件 FDTD solutions。下面对这个软件的原理进行简要介绍, 对如何用其构建模型进行说明。

9.2.1　FDTD Solutions 简介

FDTD(finitedifference timedomain), 即时域有限差分法, 是 1966 年 Yee 最先建立的, 后被称为 Yee 网格空间。应用时域有限分差法分析、解决问题时需要考虑多方面的因素, 如材料参数、几何参数、计算复杂度、稳定性和精度等。因该方法具有能够在保证相对高精度的情况下直接模拟场分布的优点, 所以成为目前使用范围较广的数值模拟方法之一。

FDTD 通过将自身已有特点与有限差分常用步骤相结合共同解决问题。FDTD Solutions 是一款高性能单/多处理器 FDTD 设计软件。该软件可用于设计和分析微米尺度和硅纳米尺度光电器件。从 FDTD Solutions 软件输出的数据可以为 Matlab 或者 ASCII 格式, 并可以实现和 BRO ASAP 光学软件数据相互输入与输出等功能。使用此软件, 设计者能够加快计算速度与系统优化, 缩短研发周期, 减少产品开发成本, 提高生产效率。

FDTD 作为一种时域技术, 便可以说明其电磁场的求得是以时间函数为基础的。所以, 在 FDTD Solutions 的模拟仿真过程中, 其通常是使用傅里叶变换以计算得出电磁场关于波长或频率的函数。

9.2.2　模拟结构的建立

本章使用 FDTD Solutions 建立物理模型, 针对硅纳米柱凹槽结构的建立步骤进行展示。

首先需要使用到功能菜单中的几项主要功能: Structures/Components(物理结构)、Sources(辐射源)、Monitors(监视器)、Simulation(仿真区域) 等。建立物理结构使用到的命令是 Structures 和 Components。单击 Structures(物理结构) 按钮, 下拉菜单, 可以看到有如下常用结构: 三角形、长方形、圆形、环形等。本章所涉及的结构为长方体、圆柱和圆锥。长方体和圆柱可以在 Structures(物理结构) 菜单中直接选择, 而圆锥结构则需要到 Components 菜单中寻找上。

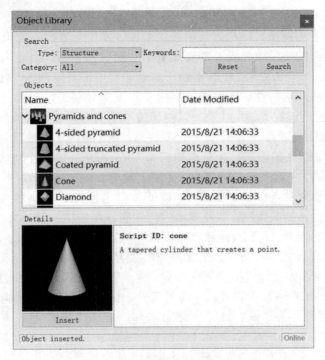

图 9.1 圆锥结构

  点击长方体建立基本结构后需要对其结构参数进行调整。用鼠标点击结构选中长方体，使用快捷键 (E)，弹出调整结构参数页面。只需对其 Geometry(几何参数) 及 Material(结构材料) 进行设置，其他设置本次研究不涉及。几何参数的设定主要由相对 x, y, z 坐标轴的位置以及形状大小所规定。设定坐标原点为几何中心，根据其尺寸设定长方体及圆柱的 X, Y, Z 方向尺寸范围值。材料参数的选取则根据课题需要，本章中长方体结构的材料为硅，选取 Si。而圆柱是凹槽结构，所以在材料下拉菜单中选择 etch 指令，便可以将圆柱从长方体中挖出，随后修改其结构参数再进行同样操作即可。添加完长方体及圆柱阵列结构并完成各项结构参数的设置后，即可得到进行模拟仿真的基本模型。

  建立基本结构后，下一步所做的工作是为结构添加辐射源。软件自带的辐射源有偶极子源、高斯光源、平面波源、全场散射场源等。仿真中采用的光源为太阳光，因此选用 Plane wave(平面波源)。选定了辐射源之后，按下快捷键 (E)，则会弹出 Plane wave 属性框，在平面波源属性框中，主要调节光源的入射方向、几何尺寸、位置及频率等相关参数。由于本次模拟中假定光源从结构顶端往下照射，所以光源在 Z 轴的传播方向为 backward，设置其位置比结构高 50nm。光源设置为波长范围为 400～700nm 的可见光，其长波一端向短波一端顺序依次为：红、橙、黄、绿、青、蓝、紫。

　　监视器用于监视仿真结构对辐射源的响应。本章主要欲研究微硅纳米复合结构对于平面光源的光吸收特性，需要加反射和透射监视器，因此选取 Frequency-domain filed profile(频域场监视器)。由于本章研究中需要用到两个监视器，分别监测结构的反射和透射特性，所以应该对两个监视器分别进行设置。对于反射监视器，其几何位置应该在光源的上方，以便于监测结构总体的反射情况，实验时设置其 Z 方向位置比光源高 50nm。此外需要注意，在 General 菜单项，需要更改默认的 5 个测量点。默认的测量结果只有波长为 400~700nm 的 5 个点的反射情况，而这显然是不够的，考虑到实验的精度，需要设置为 200 个点。透射监视器的设置和反射大体相同，测量点也需要 200 个。需要注意的是其 Z 方向的几何位置，由于透射研究光穿过结构的情况，该监视器的位置应该在结构的最下方。

　　在完成物理结构和光源及监测点的设置后，需要对整个结构添加仿真区域 (simulation)。在仿真区域的设置中，需要注意其边界条件 (boundary conditions) 的设定。软件涵盖的边界条件包括金属性边界、完全吸收边界、周期性边界、对称性边界、非对称边界和布洛赫边界共六种边界条件。由于本章研究的结构只是阵列中的一个周期，所以边界条件设定时其 X 和 Y 方向上的边界条件都应该是 Periodic(周期性边界条件)。而在 Z 方向，采用 PML: Perfectly matched layers(完全吸收边界条件)，这样可以保证 Z 方向边界没有任何反射，从而精确测定其反射和透射情况。

　　设置好仿真区域后，最终得到的结构如图 9.2 所示。

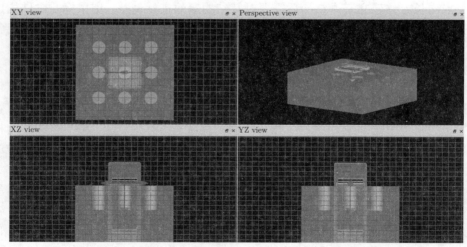

图 9.2　仿真区设置完成的结构

　　至此，一个硅基表面上硅纳米柱凹槽阵列的物理结构就完全建立好了。点击功能菜单上的 Run(运行)，开始进行仿真。

9.3 硅纳米柱凹槽阵列的光吸收率

9.2 节建立的物理模型可以运用到本节, 通过改变硅纳米柱凹槽阵列结构的深度和底圆半径大小, 采取控制变量的方法, 每次改变一个结构参数, 寻求这个参数的变化对仿真结果的影响, 从而探究能够得到更高太阳能吸收效率的结构尺寸。其基本参数设定为: 薄膜厚度 1200nm。

9.3.1 深度变化的影响

本小节主要探讨五种不同深度硅纳米柱凹槽阵列结构的反射率、透射率以及对太阳能的吸收效率大小。设定圆柱半径为 100nm, 深度 z 分别为 300nm, 350nm, 400nm, 450nm 和 500nm。利用 FDTD Solutions 软件进行模拟仿真, 得到不同深度硅纳米柱凹槽阵列结构的反射率曲线 (图 9.3) 和透射率曲线 (图 9.4)。

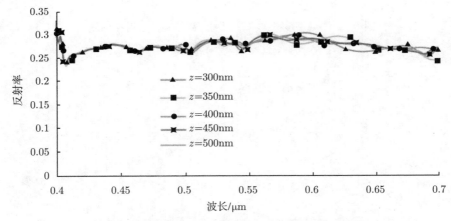

图 9.3 不同深度硅纳米柱凹槽阵列结构的反射率曲线

从图 9.3 可以看出, 硅纳米柱凹槽深度对波长为 400~700nm 平面光源的反射率几乎处于平稳趋势。在短波一端, 反射率曲线靠近起点时均有小幅度波动, 波长向长波一端发展时便没有明显波动, 趋于平稳; 而其对光源的透射率则处于明显上升趋势。这个现象说明, 硅纳米柱凹槽阵列对于短波一端的透射率更高, 而对于长波一端的透射率则相对较低。

对于上面五种不同深度硅纳米柱凹槽阵列结构, 在给出了它们分别对光源的反射率及透射率大小的基础上, 利用公式 $A = 1 - R - T$ 计算得出其对光源的吸收率曲线 (图 9.5)。总体而言, 硅纳米柱凹槽阵列结构对于短波一端的吸收率要优于长波一端。经过对数据进行分析, 得出五种不同深度的曲线中吸收率最大值为

0.748，平均值为 0.525。从图 9.3～ 图 9.5 中可以看出，五种不同深度的硅纳米柱凹槽阵列对 400～700nm 波长范围内的光源的反射率、透射率以及吸收率均没有显著的差异，说明在此波段范围，深度这一因素对于增强太阳能的吸收率影响很小。

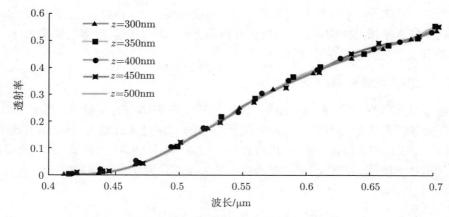

图 9.4　不同深度硅纳米柱凹槽阵列结构的透射率曲线

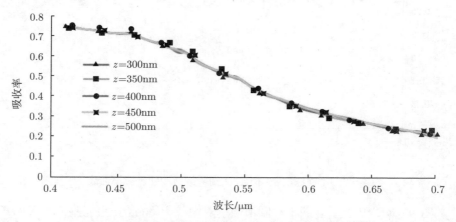

图 9.5　不同深度硅纳米柱凹槽阵列结构的吸收率曲线

9.3.2　底圆半径的影响

本小节研究的是五种不同底圆半径硅纳米柱阵列结构的反射率、透射率以及对太阳能的吸收率的影响。设定圆柱深度为 500nm，底圆半径 r 分别为 100nm，110nm，120nm，130nm，140nm。由模拟仿真得出不同半径的硅纳米柱凹槽阵列结构反射率曲线 (图 9.6) 和透射率曲线 (图 9.7)。

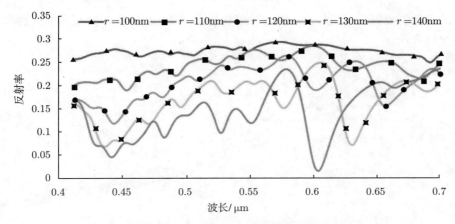

图 9.6　不同半径的硅纳米柱凹槽阵列结构的反射率曲线

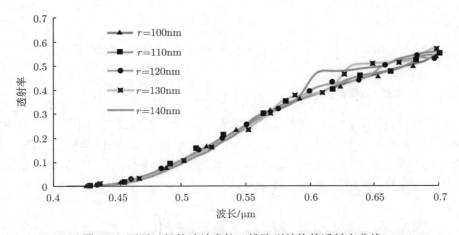

图 9.7　不同半径的硅纳米柱凹槽阵列结构的透射率曲线

9.3.1 小节中研究得出不同深度硅纳米柱凹槽阵列对光源的反射率、透射率没有明显的变化，而不同底圆半径所得出的结果则与之不同。半径逐步增大过程中，其反射率、透射率波动越来越剧烈，越来越不稳定。

通过将五组不同底圆半径的硅纳米柱凹槽阵列结构对光源的反射、透射结合到一起，可以看出：底圆半径越小，其反射率越高，反之越低，而透射率则几乎一致。利用公式 $A = 1 - R - T$ 计算得出吸收率，通过绘制图 9.8 可以看出，仍然是底圆半径较小的阵列结构可以获得更高的光吸收率，但是波动也相对比较明显，总体上仍是在短波一端吸收率较好，长波一端较差。

同样经过对数据进行分析，得出五种不同底圆半径的曲线中吸收率最大值为 0.914，平均值为 0.660。从图 9.6～图 9.8 可以看出，硅纳米柱凹槽阵列结构的底圆半径对光源的反射率影响较大，透射率影响较小，因此在吸收率的差异中反射率起到决定性作用。

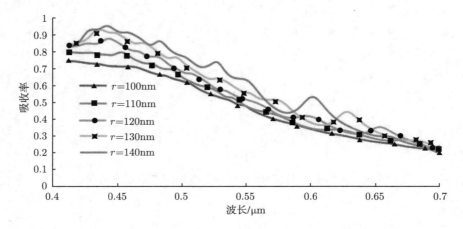

图 9.8   不同半径的硅纳米柱凹槽阵列结构的吸收率曲线

9.3.3   添加螺纹结构的影响

本小节讨论在硅纳米柱凹槽阵列结构的基础上添加螺纹对太阳能光吸收率的影响。基于上述两小节所得结论可以发现：深度为 500nm，底圆半径为 140nm 的硅纳米柱凹槽阵列结构在波长 400~700nm 范围内吸收率最高。所以选择此结构尺寸对其加以螺纹，螺距为 100nm(图 9.9)。

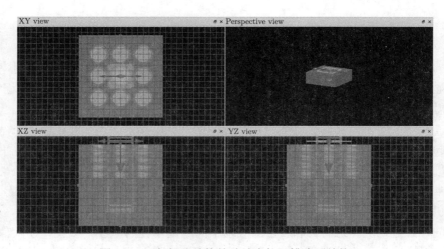

图 9.9   添加螺纹结构的硅纳米柱凹槽阵列结构

　　利用 FDTD Solutions 进行模拟仿真，得出数据曲线并分析两者差异，如图 9.10～ 图 9.12。

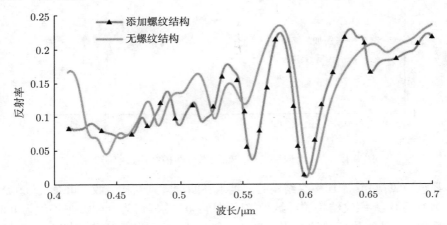

图 9.10　有/无螺纹结构的硅纳米柱凹槽阵列结构反射率曲线

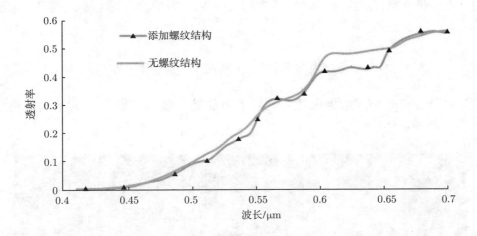

图 9.11　有/无螺纹结构的硅纳米柱凹槽阵列结构透射率曲线

　　从图 9.10～ 图 9.12 中可以看出，有/无螺纹结构的硅纳米柱凹槽阵列结构在 400～700nm 波段对光源的反射率、透射率以及吸收率随波长变化而变化：反射率对比图谱中两条曲线交替出现；透射率图谱中在大多数波长情况下添加螺纹结构的硅纳米柱凹槽阵列结构低于无螺纹结构曲线；吸收率对比图谱中在整个所研究波长范围内添加螺纹结构的吸收率总体略高于无螺纹结构吸收率。

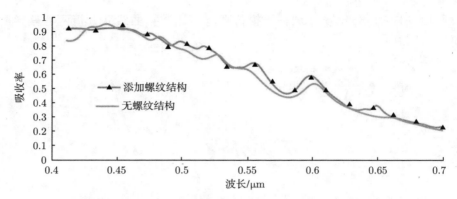

图 9.12　有/无螺纹结构的硅纳米柱凹槽结构吸收率曲线

经过计算得知:添加螺纹结构的硅纳米柱凹槽阵列结构吸收率峰值为 0.922,平均值为 0.684;无螺纹结构的硅纳米柱凹槽阵列结构峰值为 0.949,平均值为 0.660。可以看出,虽然添加螺纹结构的吸收率峰值较低,但是其平均值在较高水平。所研究的特定尺寸下,添加螺纹结构的硅纳米柱凹槽阵列结构在 400~700nm 波长范围内对光的吸收率有所提升。所以,在实际工况中选取结构时,应根据所需具体情况选定。

9.4　硅纳米圆锥凹槽阵列的光吸收率

本节讨论硅纳米圆锥凹槽阵列对太阳能光吸收率的影响,其基本结构如图 9.13 所示。

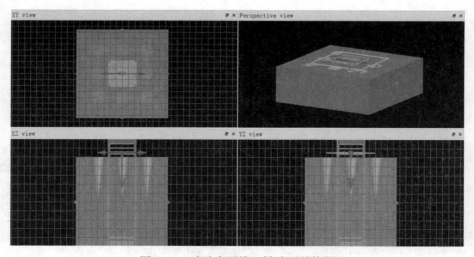

图 9.13　硅纳米圆锥凹槽阵列结构图

本节分别研究硅纳米圆锥凹槽阵列结构在不同深度、不同角度以及添加螺纹结构下的光吸收率的变化，其基本的设置同样为：膜厚 1200nm。

9.4.1 深度的影响

本小节讨论不同深度硅纳米圆锥凹槽阵列在波长 400～700nm 范围内所仿真模拟得到的反射率及透射率。固定圆锥凹槽顶角角度为 25°，深度 z 选取五个值：300nm，350nm，400nm，450nm，500nm，其他条件固定。通过软件模拟给出的反射率、透射率曲线分别如图 9.14 和图 9.15 所示。

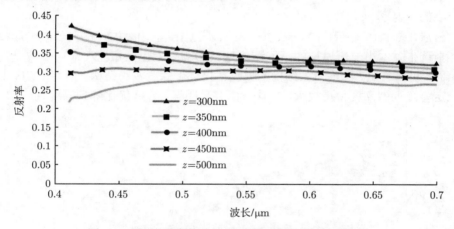

图 9.14   不同深度的硅纳米圆锥凹槽阵列反射率曲线

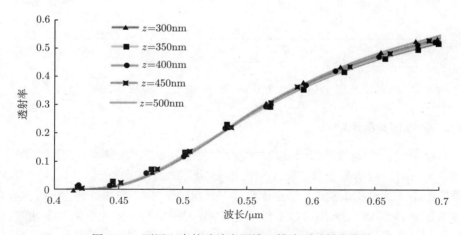

图 9.15   不同深度的硅纳米圆锥凹槽阵列透射率曲线

从图 9.14 和图 9.15 可以明显看出，在 400～700nm 波长范围内，透射率由短波一端到长波一端呈现明显上升趋势，曲线光滑；不同深度的反射率曲线则有所不同，深度逐渐增大过程中，其反射率曲线在波长范围内由下降趋势向平缓趋势转变，并且在短波一端出现明显波动。有了五个不同深度硅纳米圆锥凹槽阵列结构对光源的反射率、透射率，利用公式：$A = 1 - R - T$，计算得出其吸收率曲线(图 9.16)。经过对数据进行分析，得出五种不同深度的曲线中吸收率最大值为 0.783；平均值为 0.529。

从反射率图中也可以看出，深度增大过程中，反射率逐渐由下降趋势转变为上升趋势，在波长范围内，由短波一端向长波一端趋于平缓，但深度越大，反射率越小。透射率则无明显差异，只是在长波一端深度较大的圆锥凹槽透射率略微大于深度较小的透射率。

最后，图 9.16 显示：在 400~700nm 波长范围内，由短波一端向长波一端吸收率逐渐降低。本小节所讨论的不同深度这一影响因素也由短波一端向长波一端趋于相同。可以看出，深度较大结构的吸收率仍优于深度较小结构。然而，实际工艺不一定将阵列的高度做得很大，应该考虑各种因素，合理优化阵列高度。

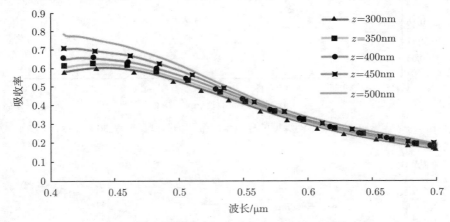

图 9.16　不同深度的硅纳米圆锥凹槽阵列吸收率曲线

9.4.2　圆锥顶角的影响

本小节讨论的是圆锥凹槽顶角角度对太阳能吸收率的影响。设定圆锥凹槽深度为 500nm，通过仿真运算并得出角度 θ 分别为 22°，25°，28°，31°，34° 的硅纳米圆锥凹槽阵列结构反射率、透射率曲线，分别如图 9.17 和图 9.18 所示。

从图 9.17 和图 9.18 中可以看出，就反射率而言，与不同深度反射率曲线变化趋势相似，不同顶角角度的反射率曲线随角度增大逐步由下降趋势转变为明显上升的趋势，且在短波一端的波动范围逐步增大；而透射率在 400~700nm 波长范围内由短波一端至长波一端则同为一条平滑的显著上升的曲线。

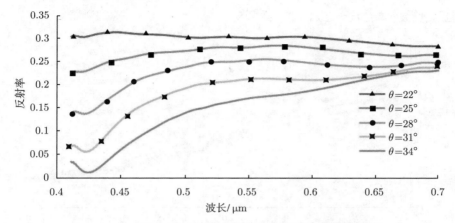

图 9.17 不同角度的硅纳米圆锥凹槽阵列结构反射率曲线

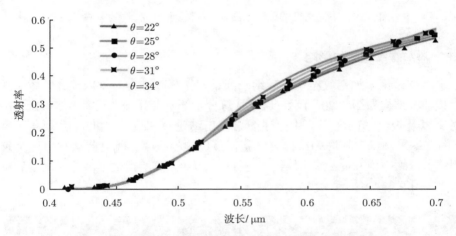

图 9.18 不同角度的硅纳米圆锥凹槽阵列结构透射率曲线

经过对数据进行分析, 得出五种不同顶角角度的曲线中吸收率最大值为 0.989; 平均值为 0.646(图 9.19)。

将上面五种不同顶角角度反射率、透射率进行对比, 可以明显看出: 在波长 400~700nm 范围内, 观察反射率图谱, 可以看出, 短波一端不同角度反射率差异较大, 角度较小反射率明显小于角度大的反射率; 而长波一端不同顶角角度却没有明显差异, 总体上也是角度大的反射率略高于角度较小的。由透射率图谱上可以看出, 曲线走势基本一致, 短波一端趋于相同, 中波时角度大的略高, 向长波一端发展时曲线也越发接近。

经过计算得出其吸收率, 如图 9.19 所示, 分析得出: 在整个波长范围内, 从短波一端向长波一端呈下降趋势, 整体上角度大的吸收率更高, 其中短波一端优势较为明显，长波一端趋于一致。

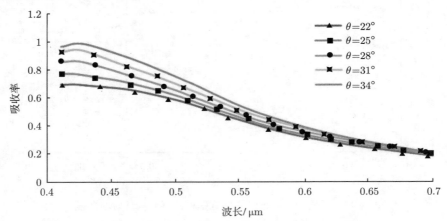

图 9.19　不同角度的硅纳米圆锥凹槽阵列结构吸收效率曲线

9.4.3　添加螺纹结构的影响

本小节讨论添加螺纹结构的硅纳米圆锥凹槽阵列结构对太阳能光吸收率的影响，其基本结构如图 9.20 所示。通过计算分析添加与未添加螺纹结构的反射率、透射率以及吸收率的区别。由上述图谱得出结论：深度为 500nm，顶角角度为 34° 的硅纳米圆锥凹槽阵列结构可以获得最优的吸收率。所以此次利用这个尺寸的圆锥加以螺距为 90nm 的螺纹结构进行模拟仿真。将所得数据汇总对比之后得到图 9.21~图 9.23。

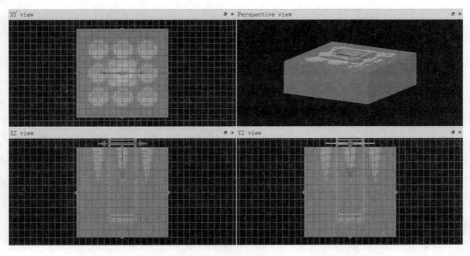

图 9.20　添加螺纹结构的硅纳米圆锥凹槽阵列结构

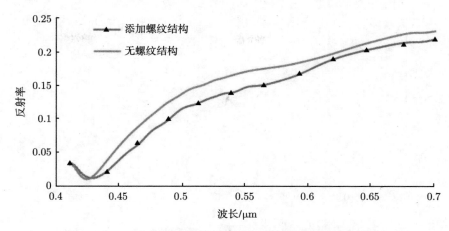

图 9.21 有/无螺纹结构的硅纳米圆锥凹槽结构反射率曲线

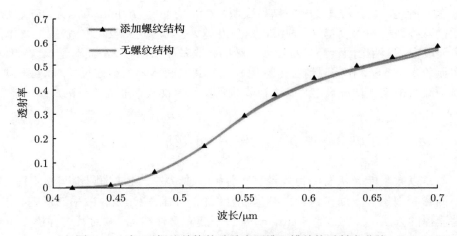

图 9.22 有/无螺纹结构的硅纳米圆锥凹槽结构透射率曲线

从图 9.21～图 9.23 中可以看出：在 400～700nm 波长范围内，添加螺纹结构的硅纳米圆锥凹槽阵列结构的反射率曲线明显低于无螺纹结构的曲线；透射率无明显差异；由吸收率曲线则可以明显看出，添加螺纹结构的曲线在大多数波段高于无螺纹结构曲线。

通过计算可得：添加螺纹结构的硅纳米圆锥凹槽阵列结构吸收率峰值为 0.986，平均值为 0.660；无螺纹结构的硅纳米圆锥凹槽阵列结构峰值为 0.989，平均值为 0.646。同样，与硅纳米柱凹槽阵列结构相似，添加螺纹结构的吸收率峰值较低，但其平均值较高。总体来看，添加螺纹结构的硅纳米圆锥凹槽阵列结构对光的吸收率优于无螺纹结构。

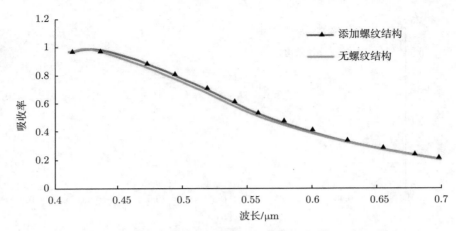

图 9.23   有/无螺纹结构的硅纳米圆锥凹槽结构吸收率曲线

综上所述，结合仿真及分析结果表明，在波长 400～700nm 范围内，硅纳米圆锥凹槽阵列结构的深度越深，圆锥顶角角度越大，其对光的吸收率就越高。然而在整个波段中，这两个因素都只对短波一端的吸收效率影响较大，而对于长波一端则无明显效果。所以，在实际情况下选用硅纳米圆锥凹槽阵列结构尺寸时，应根据具体光源波长范围视情况设定，以达到节约成本且吸收效率最优的目的。

9.5   本 章 小 结

本章以太阳能光伏发电为背景，分别从硅纳米柱、硅纳米圆锥凹槽阵列结构的不同影响因素等方面探讨了微纳米复合结构对太阳能光吸收效率的影响。采用软件模拟的方法，在 FDTD Solutions 平台下建立器件结构，并对其进行模拟仿真，得到反射率及透射率曲线，经过进一步对数据的计算分析，可以得到：

(1) 在所模拟光源 400～700nm 波长范围内，硅基表面纳米凹槽阵列结构对其吸收率均由短波一端向长波一端呈明显下降趋势。

(2) 改变硅纳米柱、圆锥凹槽阵列结构的深度、底圆半径以及顶角角度等参数都会影响所选波长范围内光的吸收率。

(3) 对于硅纳米柱凹槽阵列结构，在 400～700nm 波长范围内不同凹槽深度的光吸收率大小并无明显差异；不同底圆半径则不同，半径越大，光吸收率越高。所以，在条件允许情况下，适当增加底圆半径，既可以提高光吸收率又可以节省硅晶材料。

(4) 对于硅纳米圆锥凹槽阵列结构，在 400～700nm 波长范围内，不同凹槽深度以及不同顶角大小的光吸收率均是在短波一端差别较明显，长波一段趋于相近。

总体看来，深度越深，角度越大，吸收效率越高。但是在实际情况下，需要考虑其所使用的光源波长范围来合理配置其尺寸，尽可能做到经济、高效。

(5) 在特定尺寸深度为 500nm、底圆半径为 140nm 的硅纳米柱凹槽阵列结构与深度为 500nm、顶角角度为 34° 的硅纳米圆锥凹槽阵列结构上增加螺纹结构，均在一定程度上有益于光吸收率的提高。

(6) 结合模拟所获数据，通过对比不同情况下吸收率的峰值以及平均值大小，可以得出，深度为 500nm、顶角角度为 34°、添加螺纹结构的硅纳米圆锥凹槽阵列结构对波长 400~700nm 光源的平均吸收效率最高。

本章介绍了针对硅基表面纳米凹槽阵列结构增强太阳能光吸收率进行的研究，也得到了一些有意义的结论。然而，研究的硅基厚度是纳米级的，软件仿真也是理想化地考虑被吸收的光电子完全转换为电能的情况，这和实际工艺有所差异。分析考虑到的参数也是有限的，对于不同阵列周期、硅基厚度、硅材料的纯度等有待进一步探究，而这些都是工艺上需要考虑的因素，从而给出一种相对更优的结构和尺寸。

参 考 文 献

[1] Chen P, Niu P, Yu L, et al. Quasi-crystal photonic structures for fullband absorption enhancement in thin film silicon solar cells. Solar Energy Materials and Solar Cells, 2018, 175: 41-46.

[2] 白昱, 郭晓阳, 刘星元. 利用蛾眼结构提高有机太阳能电池光吸收效率的理论研究. 发光学报, 2015 (5): 540-543.

[3] 陈名, 任静珺, 张叶. 硅纳米球和核壳硅纳米球对有机太阳能电池光吸收增强效果的研究. 人工晶体学报, 2017 (3): 501-505.

[4] 湛玉新. 阵列型银硅纳米结构提高有机太阳能电池光吸收性能的理论研究. 太原: 太原理工大学, 2017.

[5] 李斌斌. 亚波长结构材料太阳能吸收特性研究. 南京: 南京航空航天大学, 2017.

[6] Zheng L, Xuan Y. Realization of omnidirectional ultra-broadband antireflection properties via subwavelength composite structures. Applied Physics B, 2017, 123(11): 263.

[7] 刘震. 金属硅纳米等离子体增强硅薄膜太阳能电池光吸收. 哈尔滨: 哈尔滨工业大学, 2013.

[8] Cansizoglu H, Gao Y, Kaya A, et al. Efficient Si photovoltaic devices with integrated micro/nano holes. International Society for Optics and Photonics, 2016, 9924: 99240V.

[9] 张朝. 基于硅纳米柱阵列的杂化太阳能电池研究. 上海: 上海大学, 2015.

[10] Gao Y, Cansizoglu H, Polat K G, et al. Photon-trapping microstructures enable high-speed high-efficiency silicon photodiodes. Nature Photonics, 2017, 11(5): 301.

[11] 田军龙. 具有蝶翅减反射准周期性微纳结构的功能材料制备及性能研究. 上海: 上海交通大学, 2015.

[12]　范培迅, 龙江游, 江大发, 等. 紫外–远红外超宽谱带高抗反射表面微硅纳米结构的超快激光制备及功能研究. 中国激光, 2015, (8): 1-7.

[13]　Gao Y, Cansizoglu H, Ghandiparsi S, et al. High speed surface illuminated si photodiode using microstructured holes for absorption enhancements at 900~1000nm wavelength. ACS Photonics, 2017, 4(8): 2053-2060.

[14]　Kuang P, Eyderman S, Hsieh M L, et al. Achieving an accurate surface profile of a photonic crystal for near-unity solar absorption in a super thin-film architecture. ACS Nano, 2016, 10(6): 6116-6124.

[15]　Mayet A S, Cansizoglu H, Gao Y, et al. Inhibiting device degradation induced by surface damages during top-down fabrication of semiconductor devices with micro/nano-scale pillars and holes. International Society for Optics and Photonics, 2016, 9924: 99240C.

[16]　Tsai S J, Lin C Y, Wang C L, et al. Efficient coupling of lateral force in GaN nanorod piezoelectric nanogenerators by vertically integrated pyramided Si substrate. Nano Energy, 2017, 37: 260-267.

[17]　Yokogawa S, Oshiyama I, Ikeda H, et al. IR sensitivity enhancement of CMOS Image Sensor with diffractive light trapping pixels. Scientific Reports, 2017, 7(1): 3832.

[18]　Seniutinas G, Bal?ytis A, Reklaitis I, et al. Tipping solutions: emerging 3D nano-fabrication/-imaging technologies. Nanophotonics, 2017, 6(5): 923-941.

编　后　记

　　《博士后文库》（以下简称《文库》）是汇集自然科学领域博士后研究人员优秀学术成果的系列丛书。《文库》致力于打造专属于博士后学术创新的旗舰品牌，营造博士后百花齐放的学术氛围，提升博士后优秀成果的学术和社会影响力。

　　《文库》出版资助工作开展以来，得到了全国博士后管委会办公室、中国博士后科学基金会、中国科学院、科学出版社等有关单位领导的大力支持，众多热心博士后事业的专家学者给予积极的建议，工作人员做了大量艰苦细致的工作。在此，我们一并表示感谢！

《博士后文库》编委会